建筑节能检测实用手册

朱　敏　主　编
孙林柱　副主编

中国建筑工业出版社

图书在版编目（CIP）数据

建筑节能检测实用手册／朱敏主编．—北京：中国建筑工业出版社，2014.8

ISBN 978-7-112-17153-8

Ⅰ.①建…　Ⅱ.①朱…　Ⅲ.①建筑—节能—检测—技术手册　Ⅳ.①TU111.4-62

中国版本图书馆 CIP 数据核字（2014）第 186765 号

本书包括8章，包括：砂浆及保温浆料、保温板材、建筑玻璃及门窗、建筑墙体保温系统、建筑物围护结构现场检测、建筑节能配套材料、保温材料的燃烧性能、附表。本书从建筑节能材料检测的角度出发，分别对常用建筑节能材料的试验标准、检验批划分、检测设备、检测方法、结果评定等方面作出详尽的描述。书中附有各种记录表格，具有实用性和针对性。

本书可供节能检测机构培训及从事建筑节能材料检测、建筑节能材料研发、工程质量监督等工程技术人员使用，也可供大专院校师生使用。

*　　*　　*

责任编辑：胡明安
责任设计：李志立
责任校对：张　颖　姜小莲

建筑节能检测实用手册
朱　敏　主　编
孙林柱　副主编
*
中国建筑工业出版社出版、发行（北京西郊百万庄）
各地新华书店、建筑书店经销
北京永峥有限责任公司制版
北京建筑工业印刷厂印刷
*
开本：787×1092 毫米　1/16　印张：12　字数：288 千字
2014 年 9 月第一版　2014 年 9 月第一次印刷
定价：**30.00** 元
ISBN 978-7-112-17153-8
（25940）

本书编委会

主　　编：朱　敏

副 主 编：孙林柱

编　　委：陈日升　鲍　强　赵松毅　金碧敏

胡正华　金　瓯　郑笑芳　杨　芳

主编单位：温州建设集团有限公司

温州华星建材检测有限公司

温州大学

前　言

21 世纪以来，世界各国都十分重视对能源的节约，中国已经把建筑节能提升为国家战略，建筑行业作为能源耗散的重点领域一直被重点关注。为了实现建筑物对能源的节约，建筑保温材料作为一种新型的节能材料被广泛应用于建筑物的保温隔热体系。

随着建筑节能材料在建设工程中的使用，对建筑节能材料的质量检测显得尤为重要。各种建筑节能材料涉及的标准、规范非常多，同种材料有时涉及多个标准，如保温砂浆，标准《建筑保温砂浆》GB/T 20473—2006、《无机轻集料保温砂浆及系统技术规程》DB33/T 1054—2008、《无机轻集料砂浆保温系统技术规程》JGJ 253—2011 都有提到，但它们的产品型号、试验方法、结果评定等均有差异，如果不深入研究分析，会影响检测结果的准确性。

为了使检测人员能系统地了解建筑节能检测的相关要求，本书依据现行技术规范、技术标准等，并结合作者的工作实践而编写，将节能检测归纳为砂浆及保温浆料、保温板材、建筑玻璃及门窗、建筑墙体保温系统、建筑物围护结构现场检测、建筑节能配套材料、保温材料的燃烧性能等 7 个方面内容，从建筑节能材料检测的角度出发，分别对常用建筑节能材料的试验标准、检验批划分、检测设备、检测方法、结果评定等方面作了详尽的描述。书中还附有各种记录表格，具有实用性和针对性。

本书对于从事建筑节能材料检测、建筑节能材料研发、工程质量监督等工程技术人员以及土木工程及建筑学专业本科学生工程化实验具有重要的参考价值。可作为节能检测机构的培训教材。

由于标准更新较快，为便于读者了解书中引用标准的时效性，便于更新与应用，特在书中列举或标注了相关标准的完整编号（含年号）。

由于编者知识水平有限，书中不足与失误之处在所难免，衷心希望广大读者、专家、同行指正。

编　者

2014 年 7 月

目　录

第1章 砂浆及保温浆料

1.1 保温砂浆

1.1.1 适用范围

建筑保温砂浆、无机轻集料保温砂浆干密度、抗压强度及导热系数的检测。

1.1.2 试验标准

（1）《建筑保温砂浆》GB/T 20473—2006。

（2）《无机轻集料保温砂浆及系统技术规程》DB33/T1054—2008。

（3）《无机轻集料砂浆保温系统技术规程》JGJ 253—2011。

（4）《建筑节能工程施工质量验收规范》GB 50411—2007。

1.1.3 检验批

出厂检验：建筑保温砂浆以相同原料，相同生产工艺、同一类型、稳定连续生产的产品 300m^3 为一个检验批。稳定连续生产 3d 产量不足 300m^3 亦为一个检验批。

无机轻集料保温砂浆以同种产品、同一级别、同一规格产品 100t 为一批，不足一批以一批计，从每批任抽 10 袋，从每袋中分别取试样不少于 500g，混合均匀，按四分法缩取比试验所需量大于 1.5 倍的试样为检验样。

现场复验：墙体节能工程中，保温砂浆的导热系数、密度、抗压强度同一厂家同一品种的产品，当单位工程建筑面积在 20000m^2 以下时各抽查不少于 3 次，当单位工程建筑面积在 20000m^2 以上时各抽查不少于 6 次，每次一组。屋面和地面节能工程同一厂家同一品种的产品各抽查不少于 3 组。干密度和抗压强度每组 6 块（70.7 mm×70.7mm×70.7mm）或委托检测机构制作试件（每组 5kg）；导热系数每组 2 块（300mm×300mm×30mm）或委托检测机构制作试件（每组 20kg）。

1.1.4 检测设备

（1）压力试验机：最大压力示值 20kN，相对示值误差应小于 1%，试验机具有显示受压变形的装置。

（2）导热系数测定仪。

（3）电热鼓风干燥箱。

（4）游标卡尺：分度值 0.02mm。

（5）天平：分度值 0.01g。

（6）钢直尺：分度值 1mm。

（7）试模：70.7mm×70.7mm×70.7mm 钢制有底试模，表面平整度为100mm 不超过0.05mm，相邻面的不垂直度应小于0.5°。

（8）组合式无底金属试模：300mm×300mm×30mm，表面平整度为100mm 不超过0.05mm，相邻面的不垂直度应小于0.5°。

1.1.5 检验方法

1. 标准《建筑保温砂浆》GB/T 20473—2006 中干密度、抗压强度及导热系数的检验方法。

（1）试样要求

干密度、抗压强度试样尺寸70.7mm×70.7mm×70.7mm。表面平整度为100mm 不超过0.05mm，相邻面的不垂直度应小于0.5°。

（2）试样制备

首先将材料提前24h 放入试验室，试验室温度为20±5℃，搅拌时间2min，稠度50±5mm。将拌合好的保温砂浆一次装满试模，并略高于其上表面，用振动棒均匀由外向里按螺旋方向轻轻插捣25 次，插捣时用力不应过大，尽量不破坏其保温骨料。为防止可能留下孔洞，允许用油灰刀沿模壁插捣数次或用橡皮锤轻轻敲击试模四周，直至插捣棒留下的孔洞消失，最后将高出部分沿试模顶面削去抹平。至少成型6 个三联试模，18 块试件。

（3）养护方式

试件制作后，用聚乙烯薄膜覆盖，在20±5℃温度环境下静停48±4h 后拆模。拆模后应立即在20±3℃、相对湿度60%～80%的条件中养护至28d，自成型时算起。

养护结束后将试件从养护室取出并在105±5℃或生产商推荐的温度下烘至恒重，放入干燥箱备用。恒重的判定依据为恒温3h 两次称量试件的质量变化率小于0.2%。

（4）干密度（试件为6 块）

1）尺寸测量：

a. 用钢直尺或钢卷尺分别测量制品的长度和宽度。精确至1mm，测量结果为4 个测量值的算术平均值。

b. 在制品的两个侧面上，用游标卡尺分别测量侧面的两边及中间位置的厚度。精确至0.5mm，测量结果为6 个测量值的算术平均值。

2）试验步骤

将试件置于电热鼓风干燥箱中，在110±5℃下烘干至恒质量，然后移至干燥器中冷却至室温。称量烘干后的试件质量，保留5 位有效数字。

3）计算

试件干密度按式（1.1-1）计算，精确至1kg/m³。

$$\rho=\frac{G}{V} \tag{1.1-1}$$

式中 ρ——试件干密度，1kg/m³；

G——试件烘干后的质量，kg；

V——试件的体积，m³。

试件的密度为6 块试件的算术平均值表示。

（5）抗压强度（用于密度检验后的6块试件）

1）试验步骤

a. 将试件置于电热鼓风干燥箱中，在110±5℃下烘干至恒质量，然后移至干燥器中冷却至室温。

b. 在试件受压面距棱边10mm处测量长度和宽度，在厚度的两个对应面的中部测量试件的厚度，测量结果为两个测量值的算术平均值，精确至1mm。

c. 以约10mm/min的速度对试件加荷，直至试件破坏，同时记录压缩变形值。当试件在压缩变形5%时没有破坏，则试件压缩变形5%时的荷载为破坏荷载。记录破坏荷载P，精确至10N。

2）计算与评定

a. 每个试件的抗压强度按式（1.1-2）计算。精确至0.01MPa。

$$\sigma = \frac{P}{S} \tag{1.1-2}$$

式中 σ ——试件的抗压强度，MPa；

P——试件的破坏荷载，N；

S——试件的受压面积，mm^2。

b. 试件的抗压强度为6块试件抗压强度的算术平均值。精确至0.01MPa。

（6）导热系数

1）试样要求

试样尺寸300mm×300mm×30mm。表面平整度为100mm不超过0.05mm。

2）试件制备

首先将材料提前24h放入试验室，试验室温度为20±5℃，搅拌时间2min，稠度50±5mm。将拌合好的保温砂浆一次装满试模，并略高于其上表面，用振动棒均匀由外向里按螺旋方向轻轻均匀插捣，插捣时用力不应过大，尽量不破坏其保温骨料。为防止可能留下孔洞，允许用灰刀沿模壁插捣数次或用橡皮锤轻轻敲击试模四周，直至插捣棒留下的孔洞消失，最后将高出部分沿试模顶面削去抹平。至少成型2个试件。

3）养护方式

试件制作后，用聚乙烯薄膜覆盖，在20±5℃温度环境下静停48±4h后拆模。拆模后应立即在20±3℃、相对湿度60%~80%的条件中养护至28d，自成型时算起。

养护结束后将试件从养护室取出并在105±5℃或生产商推荐的温度下烘至恒质量，放入干燥箱备用。

4）试件测量

a. 用钢直尺或钢卷尺分别测量试件两对面距棱边10mm处的长度和宽度。精确至1mm，测量结果为4个测量值的算术平均值。

b. 在制品的两个侧面上，用游标卡尺分别测量侧面的两边及中间位置的厚度。精确至0.5mm，测量结果为6个测量值的算术平均值。

c. 用钢直尺在制品的任一大面上测量两条对角线的长度，并计算出两条对角线之差。然后在另一大面上重复上述测量，精确至1mm。取两个对角线差的较大值为测量结果。

d. 不平整度测量：工作表面的不平整度用四棱尺或金属直尺检查，将尺的棱线紧靠被测表面，在尺的背面用光线照射棱线进行观察，可容易地观察小到25μm的偏离，大的偏离可用塞尺或薄纸测定。

5）试验步骤

a. 测试前的状态调节：测试前必须把试件放在干燥器或通风的烘箱里，以对材料适宜的温度将试件调节到恒定的质量。当试件在给定的温度范围内使用时，应在这个温度范围的上限、空气流动并控制的环境下调节到恒定的质量。为了减少试验时间，试件可在放入装置前调节到试验平均温度25℃。

b. 热流量的测定：测量施加于计量部位的平均电功率，准确度不低于0.2%，建议使用直流电。用直流时，通常使用有电压和电流端的四线制电位差计测定。

c. 冷面控制：当使用双试件装置时，调节冷却单元或冷面加热器使两个试件的温差的差异不大于2%。

d. 温差检测：用有足够精密度和准确度、满足以下方法来测定加热面板和冷却面板的温度或试件表面温度和计量到防护的温度平衡。

表面的平整度符合面板要求的均匀平面，且热阻大于0.5$m^2 \cdot K/W$的非刚性试件，温差由永久性埋设在加热和冷却单元面板内的温度传感器（通常为热电偶）测量。

e. 过渡时间和测量间隔：

由于该方法是建立在热稳定状态下的，为得到热性质的准确值，让装置和试件有充分的热平衡时间是非常重要的。

测定低热容量的良好绝热体，并存在湿气的吸收或释放而带来潜热交换的场合，试件内部温度达到热平衡可能要很长时间。

达到平衡所需的时间能从几分钟变化到几天，它与装置、试件及它们的交互作用有关。

估计这个时间时，必须充分考虑下列因素：

a. 冷却单元、加热单元的计量部分、加热单元的防护部分的热容量及控制系统；

b. 装置的绝热；

c. 试件的热扩散系数、水蒸气渗透率和厚度；

d. 试验过程中的试验温度和环境；

e. 试验开始时试件的温度和含湿量。

总之，控制系统能减少达到热平衡所需要的时间，但是对减少含湿量平衡时间的作用很小。

在不能较精确的估计过渡时间或者没有在同一装置里、在同样测定条件下测定类似试件时，可按式（1.1-3）计算时间间隔Δt：

$$\Delta t = (\rho_p \times C_p \times d_p + \rho_s \times C_s \times d_s) R \tag{1.1-3}$$

式中 ρ_p，ρ_s——加热单元面板材料和试件的密度，kg/m^3；

c_p，c_s——加热单元面板材料和试件的比热容，J/kg；

d_p，d_s——加热单元面板材料和试件的厚度，m；

R——试件的热阻，$m^2 \cdot K/W$。

以等于或大于Δt的时间间隔（一般取30min）按有关规定读取数据，持续到连续四组读数给出的热阻值的差别不超过1%，并且不是朝一个方向改变时。按照稳定状态开始的定义，读取数据至少持续24h。

当加热单元的温度为自动控制时，记录温差和（或）施加在计量加热器上的电压或电流有助于检查是否达到稳态条件。

6）对于使用DRCD-3030智能化导热系数测定仪测定导热系数时具体试验步骤：详见DRCD-3030智能化导热系数测定仪说明书。

2. 标准《无机轻集料保温砂浆及系统技术规程》DB33/T 1054—2008中干密度、抗压强度及导热系数的检验方法

（1）试样养护条件

环境温度为23±2℃，相对湿度55%~85%。

（2）试样要求

干密度、抗压强度试样尺寸70.7mm×70.7mm×70.7mm。表面平整度为100mm不超过0.05mm，相邻面的不垂直度应小于0.5°。

（3）制备

首先将材料提前24h放入试验室，试验室温度为20±5℃，先加入粉料，边搅拌边加水，搅拌2min；暂停搅拌2min，清理搅拌机内壁及搅拌叶片上的砂浆；继续搅拌1min。稠度控制在（8±0.5）cm。将拌合好的无机轻集料保温砂浆一次装满试模，并略高于其上表面，用振动棒均匀由外向里按螺旋方向轻轻插捣25次，插捣时用力不应过大，尽量不破坏其保温骨料。为防止可能留下孔洞，允许用灰刀沿模壁插捣数次或用橡皮锤轻轻敲击试模四周，直至插捣棒留下的孔洞消失，最后将高出部分沿试模顶面削去抹平。至少成型6个三联试模，18块试件。

（4）养护方式

试件制作后，用聚乙烯薄膜覆盖，在23±2℃温度环境下静停48±8h后脱模。继续用聚乙烯薄膜包裹养护至14d，去掉薄膜养护至28d，自成型时算起。

养护结束后将试件从养护室取出并在80±3℃或生产商推荐的温度下烘至恒质量，放入干燥箱备用。

（5）干密度（试件为6块）

1）尺寸测量：

a. 用钢直尺或钢卷尺分别测量制品的长度和宽度。精确至1mm，测量结果为4个测量值的算术平均值。

b. 在制品的两个侧面上，用游标卡尺分别测量侧面的两边及中间位置的厚度。精确至0.5mm，测量结果为6个测量值的算术平均值。

2）试验步骤

将试件置于电热鼓风干燥箱中，在80±3℃下烘干至恒质量，然后移至干燥器中冷却至室温。称量烘干后的试件质量，保留5位有效数字。

3）计算

试件干密度按式（1.1-1）计算，精确至1kg/m³。

试件的干密度取4个中间值计算算术平均值。

（6）抗压强度（用干密度检验后的6块试件）

1）试验步骤

a. 将试件置于电热鼓风干燥箱中，在80±3℃下烘干至恒质量，然后移至干燥器中冷却至室温。

b. 在试件受压面距棱边10mm处测量长度和宽度，在厚度的两个对应面的中部测量试件的厚度，测量结果为两个测量值的算术平均值，精确至1mm。

c. 以约10mm/min的速度对试件加荷，直至试件破坏，同时记录压缩变形值。当试件在压缩变形5%时没有破坏，则试件压缩变形5%时的荷载为破坏荷载。记录破坏荷载P，精确至10N。

2）计算与评定

a. 每个试件的抗压强度按式（1.1-2）计算。精确至0.01MPa。

b. 试件的抗压强度取4个中间值计算试件的算术平均值。精确至0.01MPa。

（7）导热系数

1）试样要求

试样尺寸300mm×300mm×30mm。表面平整度为100mm不超过0.05mm。

2）试件制备

首先将材料提前24h放入试验室，试验室温度为20±5℃，先加入粉料，边搅拌边加水，搅拌2min；暂停搅拌2min，清理搅拌机内壁及搅拌叶片上的砂浆；继续搅拌1min。稠度控制在8±0.5cm。用油灰刀将无机轻集料保温砂浆逐层加满并略高于试模。为防止浆料留下孔隙，用油灰刀沿模壁插数次，然后用抹子抹平。制成3个试样。

3）养护方式

试件制作后，用聚乙烯薄膜覆盖，在20±5℃温度环境下静停48±8h后拆模。拆模后应立即在20±3℃、相对湿度55%～85%的条件中养护至28d，自成型时算起。

养护结束后将试件从养护室取出并在80±3℃或生产商推荐的温度下烘至恒质量，放入干燥箱备用。

4）试件测量

a. 用钢直尺或钢卷尺分别测量试件两对面距棱边10mm处的长度和宽度。精确至1mm，测量结果为4个测量值的算术平均值。

b. 在制品的两个侧面上，用游标卡尺分别测量侧面的两边及中间位置的厚度。精确至0.5mm，测量结果为6个测量值的算术平均值。

c. 用钢直尺在制品的任一大面上测量两条对角线的长度，并计算出两条对角线之差。然后在另一大面上重复上述测量，精确至1mm。取两个对角线差的较大值为测量结果。

d. 不平整度测量：工作表面的不平整度用四棱尺或金属直尺检查，将尺的棱线紧靠被测表面，在尺的背面用光线照射棱线进行观察，可容易地观察小到25μm的偏离，大的偏离可用塞尺或薄纸测定。

5）试验步骤

a. 测试前的状态调节：测试前必须把试件放在干燥器或通风的烘箱里，以对材料适宜的温度将试件调节到恒定的质量。当试件在给定的温度范围内使用时，应在这个温度范围的上限、空气流动并控制的环境下调节到恒定的质量。

为了减少试验时间，试件可在放入装置前调节到试验平均温度25℃。

b. 热流量的测定：测量施加于计量部位的平均电功率，准确度不低于0.2%，强烈建议使用直流电。用直流电时，通常使用有电压和电流的四线制电位差计测定。

c. 冷面控制：当使用双试件装置时，调节冷却单元或冷面加热器使两个试件的温差的差异不大于2%。

d. 温差检测：用以证明有足够精密度和准确度、满足以下方法来测定加热面板和冷却面板的温度或试件表面温度和计量到防护的温度平衡。

表面的平整度符合面板要求的均匀平面，且热阻大于0.5m^2·K/W的非刚性试件，温差由永久性埋设在加热和冷却单元面板内的温度传感器（通常为热电偶）测量。

e. 过渡时间和测量间隔：

由于本方法是建立在热稳态状态下的，为得到热性质的准确值，让装置和试件有充分的热平衡时间是非常重要的。

测定低热容量的良好绝热体，并存在湿气的吸收或释放而带来潜热交换的场合，试件内部温度达到热平衡可能要很长时间。

达到平衡所需的时间能从几分钟变化到几天，它与装置、试件及它们的交互作用有关。

估计这个时间时，必须充分考虑下列各项：

a. 冷却单元、加热单元的计量部分、加热单元的防护部分的热容量及控制系统；

b. 装置的绝热；

c. 试件的热扩散系数、水蒸气渗透率和厚度；

d. 试验过程中的试验温度和环境；

e. 试验开始时试件的温度和含湿量。

总之，控制系统能减少达到热平衡所需要的时间，但是对减少含湿量平衡时间的作用很小。

在不可能较精确的估计过渡时间或者没有在同一装置里、在同样测定条件下测定类似试件的经验时，按式（1.1-3）计算时间间隔Δt：

以等于或大于Δt的时间间隔（一般取30min）按有关规定读取数据，持续到连续四组读数给出的热阻值的差别不超过1%，并且不是单调的朝一个方向改变时。在不可能较精确的估计过渡时间或者没有在同一装置里、在同样测定条件下测定类似试件的经验时，按照稳定状态开始的定义，读取数据至少持续24h。

当加热单元的温度为自动控制时，记录温差和（或）施加在计量加热器上的电压或电流有助于检查是否达到稳态条件。

6）对于使用DRCD-3030智能化导热系数测定仪测定导热系数时具体试验步骤：详见DRCD-3030智能化导热系数测定仪说明书。

3. 标准《无机轻集料砂浆保温系统技术规程》JGJ 253—2011中干密度、抗压强度及导热系数的检验方法

（1）试样养护条件

环境温度为23±2℃，相对湿度55%～85%。

（2）试样要求

干密度、抗压强度试样尺寸70.7mm×70.7mm×70.7mm。表面平整度为100mm不超过0.05mm，相邻面的不垂直度应小于0.5°。

（3）制备

首先将材料提前24h放入试验室，试验室温度为23±2℃，相对湿度55%～85%，搅拌时间2min，稠度80±10mm。根据供应商提供的水灰比混合搅拌，将拌合好的无机轻集料保温砂浆一次装满试模，并略高于其上表面，用振动棒均匀由外向里按螺旋方向轻轻插捣25次，插捣时用力不应过大，且不得破坏其保温骨料。再采用灰刀沿模壁插捣数次或用橡皮锤轻轻敲击试模四周，直至插捣棒留下的孔洞消失，最后将高出部分拌合物沿试模顶面削去抹平。试样数量不得少于18块。

（4）养护方式

试件制作后，用聚乙烯薄膜覆盖，养护48±8h后脱模。继续用聚乙烯薄膜包裹养护至14d后，去掉聚乙烯薄膜养护至28d自成型时算起。

（5）干密度（试件为6块）

1）尺寸测量

a. 用钢直尺或钢卷尺分别测量制品的长度和宽度。精确至1mm，测量结果为4个测量值的算术平均值。

b. 在制品的两个侧面上，用游标卡尺分别测量侧面的两边及中间位置的厚度。精确至0.5mm，测量结果为6个测量值的算术平均值。

2）试验步骤

将试件置于电热鼓风干燥箱中，在80±3℃下烘干至恒质量，然后移至干燥器中冷却至室温。称量烘干后的试件质量，保留5位有效数字。

3）计算

试件干密度按式（1.1-1）计算，精确至1kg/m³。

试件的干密度取4个中间值计算算术平均值。

（6）抗压强度（用干密度检验后的6块试件）

1）试验步骤

a. 将试件置于电热鼓风干燥箱中，在80±3℃下烘干至恒质量，然后移至干燥器中冷却至室温。

b. 在试件受压面距棱边10mm处测量长度和宽度，在厚度的两个对应面的中部测量试件的厚度，测量结果为两个测量值的算术平均值，精确至1mm。

c. 以约10mm/min的速度对试件加荷，直至试件破坏，同时记录压缩变形值。当试件在压缩变形5%时没有破坏，则试件压缩变形5%时的荷载为破坏荷载。记录破坏荷载P，精确至10N。

2）计算与评定

a. 每个试件的抗压强度按式（1.1-2）计算。精确至0.01MPa。

b. 试件的抗压强度取4个中间值计算试件的算术平均值。精确至0.01MPa。

（7）导热系数

1）试样要求

试样尺寸300mm×300mm×30mm。表面平整度为100mm不超过0.05mm。

2）试件制备

首先将材料提前 24h 放入试验室，试验室温度为 23 ±2℃，相对湿度 55% ~85% ，搅拌时间 2min，稠度 80 ±10mm。根据供应商提供的水灰比混合搅拌，将拌合好的无机轻集料保温砂浆一次装满试模，并略高于其上表面，用振动棒均匀由外向里按螺旋方向轻轻插捣 25 次，插捣时用力不应过大，且不得破坏其保温骨料。再采用灰刀沿模壁插捣数次或用橡皮锤轻轻敲击试模四周，直至插捣棒留下的孔洞消失，最后将高出部分拌合物沿试模顶面削去抹平。成型 3 个试件。

3）养护方式

试件制作后，用聚乙烯薄膜覆盖，在 20 ±5℃温度环境下静停 48 ±8h 后拆模。拆模后应立即在 23 ±2℃、相对湿度 55% ~85% 的条件中养护至 28d，自成型时算起。

养护结束后将试件从养护室取出并在 80 ±3℃或生产商推荐的温度下烘至恒质量，放入干燥箱备用。

4）试件测量

a. 用钢直尺或钢卷尺分别测量试件两对面距棱边 10mm 处的长度和宽度。精确至 1mm，测量结果为 4 个测量值的算术平均值。

b. 在制品的两个侧面上，用游标卡尺分别测量侧面的两边及中间位置的厚度。精确至 0.5mm，测量结果为 6 个测量值的算术平均值。

c. 用钢直尺在制品的任一大面上测量两条对角线的长度，并计算出两条对角线之差。然后在另一大面上重复上述测量，精确至 1mm。取两个对角线差的较大值为测量结果。

d. 不平整度测量：工作表面的不平整度用四棱尺或金属直尺检查，将尺的棱线紧靠被测表面，在尺的背面用光线照射棱线进行观察，可容易地观察小到 25μm 的偏离，大的偏离可用塞尺或薄纸测定。

5）试验步骤

a. 测试前的状态调节：测试前必须把试件放在干燥器或通风的烘箱里，以对材料适宜的温度将试件调节到恒定的质量。当试件在给定的温度范围内使用时，应在这个温度范围的上限、空气流动并控制的环境下调节到恒定的质量。

为了减少试验时间，试件可在放入装置前调节到试验平均温度 25℃。

b. 热流量的测定：测量施加于计量部位的平均电功率，准确度不低于 0.2%。建议使用直流电。用直流电时，通常使用有电压和电流的四线制电位差计测定。

c. 冷面控制：当使用双试件装置时，调节冷却单元或冷面加热器使两个试件的温差的差异不大于 2%。

d. 温差检测：用以证明有足够精密度和准确度、满足以下方法来测定加热面板和冷却面板的温度或试件表面温度和计量到防护的温度平衡。

表面的平整度符合面板要求的均匀平面，且热阻大于 $0.5m^2 \cdot K/W$ 的非刚性试件，温差由永久性埋设在加热和冷却单元面板内的温度传感器（通常为热电偶）测量。

e. 过渡时间和测量间隔：由于本方法是建立在热稳态状态下的，为得到热性质的准确值，让装置和试件有充分的热平衡时间是非常重要的。

测定低热容量的良好绝热体，并存在湿气的吸收或释放而带来潜热交换的场合，试件内部温度达到热平衡可能要很长时间。

达到平衡所需的时间能从几分钟变化到几天，它与装置、试件及它们的相互作用有关。

估计这个时间时，必须充分考虑下列各项：

（a）冷却单元、加热单元的计量部分、加热单元的防护部分的热容量及控制系统；

（b）装置的绝热；

（c）试件的热扩散系数、水蒸气渗透率和厚度；

（d）试验过程中的试验温度和环境；

（e）试验开始时试件的温度和含湿量。

总之，控制系统能减少达到热平衡的时间，但是对减少含湿量平衡时间的作用很小。

在不可能较精确的估计过渡时间或者没有在同一装置里、在同样测定条件下测定类似试件时，可按式（1.1-3）计算时间间隔 Δt：

以等于或大于 Δt 的时间间隔（一般取 30min）按有关规定读取数据，持续到连续四组读数给出的热阻值的差别不超过 1%，并且不是朝一个方向改变时。按照稳定状态开始的定义，读取数据至少持续 24h。

当加热单元的温度为自动控制时，记录温差和（或）施加在计量加热器上的电压或电流有助于检查是否达到稳态条件。

6）对于使用 DRCD-3030 智能化导热系数测定仪测定导热系数时具体试验步骤：详见 DRCD-3030 智能化导热系数测定仪说明书。

1.1.6 结果评定

建筑保温砂浆的性能指标见表 1.1-1，无机轻集料保温砂浆的性能指标见表 1.1-2、表 1.1-3。

建筑保温砂浆的性能指标（GB/T 20473—2006）　　**表 1.1-1**

项　目	技术要求	
	Ⅰ型	Ⅱ型
干密度（kg/m^3）	240～300	301～400
抗压强度（MPa）	≥0.20	≥0.40
导热系数（平均温度 25℃）[W/（m·K）]	≤0.070	≤0.085

无机轻集料保温砂浆的性能指标（DB33/T 1054—2008）　　**表 1.1-2**

项　目	单　位	性能要求		
		A 型	B 型	C 型
干密度	kg/m^3	≤550	≤450	≤350
抗压强度	MPa	≥2.00	≥1.00	≥0.6
导热系数	W/（m·K）	≤0.100	≤0.085	≤0.070

无机轻集料保温砂浆的性能指标（JGJ 253—2011）　表 1.1-3

项目	性能要求		
	Ⅰ型	Ⅱ型	Ⅲ型
干密度（kg/m^3）	≤350	≤450	≤550
抗压强度（MPa）	≥0.50	≥1.00	≥2.50
导热系数（平均温度25℃）[W/（m·K)]	≤0.070	≤0.085	≤0.100

1.2 界面砂浆

1.2.1 适用范围

胶粉聚苯颗粒外墙外保温系统和无机轻集料保温砂浆及系统界面砂浆拉伸粘结原强度、浸水拉伸粘结强度的检测。

1.2.2 试验标准

（1）《胶粉聚苯颗粒外墙外保温系统材料》JG/T 158—2013。

（2）《无机轻集料保温砂浆及系统技术规程》DB33/T 1054—2008。

（3）《无机轻集料砂浆保温系统技术规程》JGJ 253—2011。

（4）《建筑节能工程施工质量验收规范》GB 50411—2007。

1.2.3 检验批

出厂检验：胶粉聚苯颗粒外墙外保温系统界面砂浆粘结强度的检测要求以同种产品、同一级别、同一规格产品30t为一批，不足一批以一批计，从每批任抽10袋，从每袋中分别取试样不少于500g，混合均匀，按四分法缩取出比试验所需量大1.5倍的试样为检验样。

无机轻集料保温砂浆及系统界面砂浆粘结强度的检测要求以同种产品、同一级别、同一规格产品100t为一批，不足一批以一批计，从每批任抽10袋，从每袋中分别取试样不少于500g，混合均匀，按四分法缩取比试验所需量大于1.5倍的试样为检验样。

现场复验：墙体节能工程中，当单位工程建筑面积在20000m^2以下时各抽查不少于3次，当单位工程建筑面积在20000m^2以上时各抽查不少于6次。

1.2.4 检测设备

（1）拉力试验机：示值最大误差不超过1%。

（2）游标卡尺：分度值为0.02mm。

（3）拉伸专用夹具。

1.2.5 检测方法

1. 胶粉聚苯颗粒外墙外保温系统界面砂浆粘结强度的检测方法

（1）试验条件

标准试验环境温度为23±2℃，相对湿度45%~75%。

（2）材料

1）试验用砂浆试件

应采用符合GB175要求的强度等级不低于42.5的普通硅酸盐水泥和符合GB/T 17671要求的ISO标准砂。水泥、砂和水按1:2.5:0.5的比例，采用人工振动方式成型40mm×40mm×10mm和70mm×70mm×20mm两种尺寸的水泥砂浆试件。砂浆试件成型之后在标准试验条件下放置24h后拆模，浸入23±2℃的水中6d，然后取出在标准试验条件下放置21d以上。

2）试件的制备

在70mm×70mm×20mm的砂浆试件和40mm×40mm×10mm的砂浆试件上各均匀地涂一层拌合好的界面砂浆，涂覆厚度1mm，然后两者对放，轻轻按压，刮去边上多余的界面砂浆。将对放好的试件水平放置，在试件上加重1.6kg±15g，保持30s。与聚苯板的拉伸粘结强度制备试件时将40mm×40mm×10mm的砂浆块替换为40mm×40mm×20mm的18kg/m^{3}的EPS板或28kg/m^{3}的40mm×40mm×20mm的XPS板试块，粘胶后不应在试件上加荷载。每种拉伸粘结强度各准备不少于10个按上述方法制备的试件。

（3）未处理的拉伸粘结强度

1）养护条件

在到规定的养护龄期24h前，用适宜的高强度胶粘剂（如环氧类胶粘剂）将拉拔接头粘贴在40mm×40mm×10mm的砂浆试件上。24h后测定拉伸粘结强度。

2）试验步骤

将试件放入试验机的夹具中，以5mm/min的速度施加拉力，测定拉伸粘结强度。图1.2-1为试件与夹具装配的示意图。

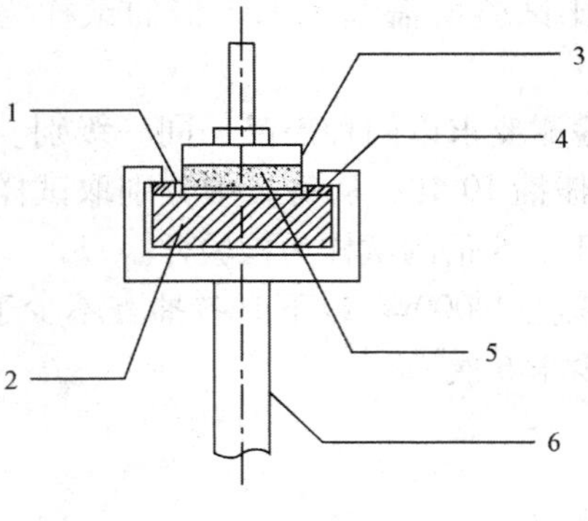

夹具与试验机的连接宜采用球铰活动连接。试验时如砂浆试件发生破坏，且数据在该组试件平均值的±20%以内，则认为该数据有效。

1
2
3
4
5
6

图1.2-1 试件与夹具装配示意图

1—界面剂；2—70mm×70mm×20mm的砂浆试件；3—拉拔接头；4—垫块；5—40mm×40mm×10mm的砂浆试件；6—拉伸试验夹具

（4）浸水处理的拉伸粘结强度

将试件在标准试验条件下养护7d，然后完全浸没于23±2℃的水中。6d后将试件从水中取出并用布擦干表面水渍，用适宜的高强度胶粘剂粘结拉拔接头，7h后将试件浸没于23±2℃的水中，24h后将试件取出，擦干表面水渍，测定拉伸粘结强度。

（5）结果计算

拉伸粘结强度按式（1.2-1）计算：

$$\sigma = \frac{F_1}{A_1} \quad (1.2\text{-}1)$$

式中 σ——拉伸粘结强度，MPa；

F_1——最大荷载，N；

A_1——粘结面积，mm^2。

单个试件的拉伸粘结强度值精确至0.01MPa。如单个试件的强度值与平均值之差大于20%，则逐次剔除偏差最大的试验值，直至各试验值与平均值之差不超过20%，如剩余数据不少于5个，则结果以剩余数据的平均值表示，精确至0.1MPa；如剩余数据少于5个，则本次试验结果无效，应重新制备试件进行试验。

2. 无机轻集料保温砂浆及系统界面砂浆粘结强度的检测方法

（1）基底水泥砂浆块的制备

1）原材料：水泥应采用符合现行国家标准《通用硅酸盐水泥》GB 175规定的42.5级水泥；砂应采用符合现行行业标准《普通混凝土用砂、石质量及检验方法标准》JGJ 52规定的中砂；水应符合现行行业标准《混凝土用水标准》JGJ 63规定的用水。

2）配合比：水泥:砂:水=1:3:0.5（质量比）。

3）成型：将制成的水泥砂浆倒入70mm×70mm×20mm的聚氯乙烯或金属模具中，振动成型或用抹灰刀均匀插捣15次，人工颠实5次，转90°，再颠实5次，然后用刮刀以45°方向抹平砂浆表面；试模内壁事先涂刷水性隔离剂，待干、备用；

4）应在成型24h后脱模，并放入20±2℃水中养护6d，再在试验条件下放置21d以上，备用。

（2）拉伸粘结原强度、浸水拉伸粘结强度（DB33/T 1054—2008）

1）试样养护和状态调节：环境温度为23±2℃，相对湿度55%~85%。

2）试样要求

试样由水泥砂浆和界面砂浆组成，每组6个试样。界面砂浆厚度3.0mm，水泥砂浆试件厚度为20mm。

3）制备

用200号砂纸或磨石将水泥砂浆成型面磨平并去掉浮浆后浸水3h取出，待呈面干饱和状态，将型框置于砂浆块上，用界面砂浆填满型框压实抹平，立即除去型框，即为试板。

4）养护方式

原强度（一组6个试样）：试样成型后，用聚乙烯薄膜覆盖，养护至7d，去掉薄膜，继续养护至13d，用双组分环氧树脂或其他高强度胶粘剂粘结上钢质上夹具，放置24h；

耐水（一组6个试样）：将同测定原强度方法制备并养护至14d的试样，放入20±3℃水中浸泡7d，取出擦干表面水分，放置30min后进行测定。

5）试验

养护期满后进行拉伸粘结强度测定，拉伸速度为5±1mm/min，记录每个试样的测试结果及破坏界面，并取4个中间值计算算术平均值。

（3）拉伸粘结原强度、浸水拉伸粘结强度（JGJ 253—2011）

1）试样养护和状态调节：环境温度为23±2℃，相对湿度55%～85%。

2）试样要求

试样由水泥砂浆和界面砂浆组成，每组10个试样。界面砂浆厚度6.0mm，水泥砂浆试件厚度为20mm。

3）制备

a. 将制备好的水泥砂浆块在水中浸泡24h，并提前5～10min取出，用湿布擦拭其表面。

b. 将型框置于水泥砂浆成型面上，用搅拌好的界面砂浆填满型框，用灰刀均匀插捣15次，人工颠实5次，转90°，再颠实5次，然后用刮刀以45°方向抹平砂浆表面，24h脱模，在温度23±2℃、相对湿度55%～85%的环境中养护至规定龄期。

4）养护方式

原强度（一组10个试样）：先将试件在标准试验条件下养护13d，再用双组分环氧树脂或其他高强度胶粘剂粘结上钢质上夹具，除去周围溢出的胶粘剂，继续养护24h。

浸水强度（一组10个试样）：将同测定原强度方法制备并养护至14d的试样，放入20±3℃的水中浸泡7d，取出擦干表面水分，放置30min后进行测定。

5）试验

养护期满后进行拉伸粘结强度测定，以5±1mm/min的拉伸速度加荷至试件破坏，当破坏形式为拉伸夹具或胶粘剂破坏时，试验结果无效。

6）评定

a. 以10个试件测值的算术平均值作为拉伸粘结强度的试验结果。

b. 当单个试件的强度值与平均值之差大于20%时，应逐次舍去偏差最大的试验值，直至各试验值与平均值之差不超过20%，当10个试件中数据不少于6个时，取有效数据的平均值作为试验结果，结果精确至0.01MPa。

c. 当10个试件中有效数据不足6个时，应重新制做试验。

1.2.6 结果评定

（1）《胶粉聚苯颗粒外墙外保温系统材料》JG/T 158—2013界面砂浆的性能指标，见表1.2-1。

界面砂浆的性能指标（JG/T 158—2013） 表1.2-1

项目		单位	性能指标		
			基层界面砂浆	EPS板界面砂浆	XPS板界面砂浆
拉伸粘结强度（与水泥砂浆）	标准状态	MPa	≥0.5	—	
	浸水处理		≥0.3	—	
拉伸粘结强度（与聚苯板）	标准状态	MPa	—	≥0.10且EPS板破坏	≥0.15且XPS板破坏
	浸水处理		—		

（2）《无机轻集料保温砂浆及系统技术规程》DB33/T 1054—2008 界面砂浆的性能指标，见表 1. 2-2。

界面砂浆的性能指标（DB33/T 1054—2008） 表 1. 2-2

项目		单位	指标
拉伸粘结强度	原强度	MPa	≥0. 90
	浸水	MPa	≥0. 70

（3）《无机轻集料砂浆保温系统技术规程》JGJ 253—2011 界面砂浆的性能指标，见表 1. 2-3。

界面砂浆的性能指标（JGJ 253—2011） 表 1. 2-3

项目		指标
拉伸粘结强度	原强度（MPa）	≥0. 90
	浸水（MPa）	≥0. 70

1. 3 抗裂砂浆

1. 3. 1 适用范围

胶粉聚苯颗粒外墙外保温系统、无机轻集料保温砂浆及系统抗裂砂浆粘结强度的检测。

1. 3. 2 试验标准

（1）《胶粉聚苯颗粒外墙外保温系统材料》JG/T 158—2013。
（2）《无机轻集料保温砂浆及系统技术规程》DB33/T 1054—2008。
（3）《无机轻集料砂浆保温系统技术规程》JGJ 253—2011。
（4）《建筑节能工程施工质量验收规范》GB 50411—2007。

1. 3. 3 检验批

出厂检验：胶粉聚苯颗粒外墙外保温系统界面砂浆压剪强度的检测要求粉状材料，以同种产品、同一级别、同一规格产品 30t 为一批，不足一批以一批计，从每批任抽 10 袋，从每袋中分别取试样不少于 500g，混合均匀，按四分法缩取出比试验所需量大于 1. 5 倍的试样为检验样。

无机轻集料保温砂浆及系统界面砂浆粘结强度的检测要求以同种产品、同一级别、同一规格产品 100t 为一批，不足一批以一批计，从每批任抽 10 袋，从每袋中分别取试样不少于 500g，混合均匀，按四分法缩取比试验所需量大于 1. 5 倍的试样为检验样。

现场复验：墙体节能工程中，当单位工程建筑面积在 20000m^2 以下时各抽查不少于 3 次；当单位工程建筑面积在 20000m^2 以上时各抽查不少于 6 次。

1.3.4 检验设备

（1）拉力试验机：示值最大误差不超过 1%。

（2）拉伸夹具。

1.3.5 检测方法

1. 基底水泥砂浆块的制备

（1）原材料：水泥应采用符合现行国家标准《通用硅酸盐水泥》GB 175 规定的 42.5 级水泥；砂应采用符合现行行业标准《普通混凝土用砂、石质量及检验方法标准》JGJ 52 规定的中砂；水应符合现行行业标准《混凝土用水标准》JGJ 63 规定的用水。

（2）配合比：水泥: 砂: 水 =1: 3: 0.5（质量比）。

（3）成型：将制成的水泥砂浆倒入 70mm × 70mm × 20mm 的聚氯乙烯或金属模具中，振动成型或用抹灰刀均匀插捣 15 次，人工颠实 5 次，转 90°，再颠实 5 次，然后用刮刀以 45°方向抹平砂浆表面；试模内壁事先涂刷水性隔离剂，待干、备用；应在成型 24h 后脱模，并放入 20 ± 2℃水中养护 6d，再在试验条件下放置 21d 以上，备用。

2. 抗裂砂浆拉伸粘结原强度、浸水拉伸粘结强度（JG/T 158—2013）

（1）试样养护和状态调节：环境温度为 23 ± 2℃，相对湿度 45% ~ 75%。

（2）试样制备

应按使用说明书规定的比例和方法配制抗裂砂浆；将抗裂砂浆按规定的试件尺寸涂抹在水泥砂浆试块（厚度不宜小于 20mm）或胶粉聚苯颗粒浆料试块（厚度不宜小于 40mm）基材上，涂抹厚度为 3 ~ 5mm。试件尺寸为 40mm × 40mm 或 50mm × 50mm，试件数量各 6 个。试件制好后立即用聚乙烯薄膜封闭，在标准试验条件下养护 7d，去除聚乙烯薄膜，在标准试验条件下继续养护 21d。

（3）试验步骤

将相应尺寸的金属块用高强度树脂胶粘剂粘合在试件上，树脂胶粘剂固化后将试件按下列条件分别进行处理：

1）标准状态：无附加条件；

2）浸水处理：浸水 7d，到期试件从水中取出并擦拭表面水分，在标准试验条件下干燥 7d；

3）冻融循环处理：试件进行 30 个循环，每个循环 24h。试件在 23 ± 2℃的水中浸泡 8h，饰面层朝下，浸入水中的深度为 2 ~ 10mm，接着在 −20 ± 2℃条件下冷冻 16h 为 1 个循环。当试验过程需要中断时，试件应存放在 −20 ± 2℃条件下。冻融循环结束后，在标准试验条件下状态调节 7d。

将试件安装到适宜的拉力试验机上，进行拉伸粘结强度测定，拉伸速度为 5 ± 1mm/min。记录每个试件破坏时的拉力值。如金属块与胶粘剂脱开，测试值无效。

（4）结果计算

1）拉伸粘结强度按式（1.2-1）计算。

2）拉伸粘结强度从6个试验数据中取4个中间值的算术平均值，精确至0.1MPa。

3. 拉伸粘结原强度、浸水拉伸粘结强度（DB33/T 1054—2008）

（1）试样养护和状态调节：环境温度为23±2℃，相对湿度55%～85%。

（2）试样要求

试样由水泥砂浆和抗裂砂浆组成，每组6个试样。抗裂砂浆厚度3.0mm，水泥砂浆试件厚度为20mm。

（3）制备

用200号砂纸或磨石将水泥砂浆成型面磨平，并去掉浮浆后浸水3h取出，待呈面干饱和状态，将型框置于砂浆块上，用抗裂砂浆填满型框压实抹平，立即除去型框，即为试板。

（4）养护方式

原强度（一组6个试样）：试样成型后，用聚乙烯薄膜覆盖，在环境温度为23±2℃，相对湿度55%～85%条件下养护至14d，去掉薄膜，继续养护至28d，养护至27d，用双组分环氧树脂或其他高强度胶粘剂粘结上钢质上夹具，放置24h；

耐水（一组6个试样）：将同测定原强度方法制备并养护至28d的试样，放入水中浸泡7d，取出擦干表面水分，放置30min后进行测定。

（5）试验

养护期满后进行拉伸粘结强度测定，拉伸速度为5±1mm/min，记录每个试样的测试结果及破坏界面，并取4个中间值计算算术平均值。

4. 拉伸粘结原强度、浸水拉伸粘结强度（JGJ 253—2011）

（1）试样养护和状态调节：环境温度为23±2℃，相对湿度55%～85%。

（2）试样要求

试样由水泥砂浆和抗裂砂浆组成，每组10个试样。抗裂砂浆厚度6.0mm，水泥砂浆试件厚度为20mm。

（3）制备

1）将制备好的水泥砂浆块在水中浸泡24h，并提前5～10min取出，用湿布擦拭其表面。

2）将型框置于水泥砂浆成型面上，用搅拌好的抗裂砂浆填满型框，用灰刀均匀插捣15次，人工颠实5次，转90°，再颠实5次，然后用刮刀以45°方向抹平砂浆表面，24h脱模，在环境温度为23±2℃，相对湿度55%～85%的环境中养护至规定龄期。

（4）养护方式

原强度（一组10个试样）：试样成型后，用聚乙烯薄膜覆盖，养护至14d，去掉薄膜，继续养护至28d，养护至27d，用双组分环氧树脂或其他高强度胶粘剂粘结上钢质上夹具，放置24h。

浸水强度（一组10个试样）：将如测定原强度方法制备并养护至28d的试样，放入20±3℃的水中浸泡7d，取出擦干表面水分，放置30min后进行测定。

（5）试验

养护期满后进行拉伸粘结强度测定，以5±1mm/min的拉伸速度加荷至试件破坏，当破坏形式为拉伸夹具或胶粘剂破坏时，试验结果无效。

（6）评定

1）以10个试件测值的算术平均值作为拉伸粘结强度的试验结果。

2）当单个试件的强度值与平均值之差大于20%时，应逐次舍去偏差最大的试验值，直至各试验值与平均值之差不超过20%，当10个试件中有效数据不少于6个时，取有效数据的平均值作为试验结果，结果精确至0.01MPa。

3）当10个试件中有效数据不足6个时，应重新制做试验。

1.3.6 结果评定

（1）《胶粉聚苯颗粒外墙外保温系统材料》JG/T 158—2013抗裂砂浆的性能指标，见表1.3-1。

抗裂砂浆的性能指标（JG/T 158—2013）　　表1.3-1

项目		单位	性能指标
拉伸粘结强度（与水泥砂浆）	标准状态	MPa	≥0.7
	浸水处理	MPa	≥0.5
	冻融循环处理	MPa	≥0.5
拉伸粘结强度（与胶粉聚苯颗粒浆料）	标准状态	MPa	≥0.1
	浸水处理	MPa	≥0.1

（2）《无机轻集料保温砂浆及系统技术规程》DB33/T 1054—2008抗裂砂浆的性能指标，见表1.3-2

抗裂砂浆的性能指标（DB33/T 1054—2008）　　表1.3-2

项目		单位	指标
抗裂砂浆	原拉伸粘结强度（常温28d）	MPa	≥0.7
	浸水拉伸粘结强度（常温28d，浸水7d）	MPa	≥0.5

（3）《无机轻集料砂浆保温系统技术规程》JGJ 253—2011抗裂砂浆的性能指标，见表1.3-3。

抗裂砂浆的性能指标（JGJ 253—2011）　　表1.3-3

项目	指标
原拉伸粘结强度（常温28d）（MPa）	≥0.70
浸水拉伸粘结强度（常温28d，浸水7d）（MPa）	≥0.50

1.4 胶粉聚苯颗粒浆料

1.4.1 适用范围

外墙外保温胶粉聚苯颗粒浆料干表观密度、抗压强度、导热系数、线性收缩率的检测。

1.4.2 试验标准

（1）《胶粉聚苯颗粒外墙外保温系统材料》JG/T 158—2013。

（2）《建筑节能工程施工质量验收规范》GB 50411—2007。

1.4.3 检验批

出厂检验：以同种产品、同一级别、同一规格产品 30t 为一批，不足一批以一批计，从每批任抽 10 袋，从每袋中分别取试样不少于 500g，混合均匀，按四分法缩取出比试验所需量大于 1.5 倍的试样为检验样。

现场复验：同一厂家同一品种的产品，当单位工程建筑面积在 20000m^2 以下时各抽查不少于 3 次，当单位工程建筑面积在 20000m^2 以上时各抽查不少于 6 次。

1.4.4 检测设备

1. 压力试验机：最大压力示值 20kN，相对示值误差应小于 1%，试验机具有显示受压变形的装置；
2. 导热系数测定仪；
3. 电热鼓风干燥箱；
4. 电子天平：精度为 0.01g；
5. 干燥器：直径大于 300mm；
6. 游标卡尺：0 ~ 125mm；精度 0.02mm；
7. 钢板尺：500mm，精度：1mm；
8. 试模：100mm × 100mm × 100mm 钢质有底三联试模，应具有足够的刚度并拆装方便；试模的内表面平整度为每 100mm 不超过 0.05mm，组装后各相邻面的不垂直度小于 0.5°；
9. 组合式无底金属试模：300mm × 300mm × 30mm；
10. 玻璃板：400mm × 400mm ×（3 ~ 5）mm；
11. 标准量筒：容积为 0.001m^3，内壁光洁，有足够的刚度；
12. 标准捣棒：直径 10mm、长 350mm 的钢棒。

1.4.5 检测方法

1. 干表观密度

（1）在试模内壁涂刷脱模剂。

（2）将拌合好的胶粉聚苯颗粒浆料一次性注满试模并略高于其上表面，用标准捣棒均匀由外向里按螺旋方向轻轻插捣25次，插捣时用力不应过大，尽量不破坏其轻骨料。为防止留下孔洞，允许用油灰刀沿试模内壁插数次或用橡皮锤轻轻敲击试模四周，直至孔洞消失，最后将高出部分的胶粉聚苯颗粒浆料用抹子沿试模顶面刮去抹平。应成型4个三联试模、12块试件。

（3）试件成型后立即用聚乙烯薄膜封闭试模，在标准试验条件下（空气温度23±2℃、相对湿度45%～75%）养护5d后拆模，然后在标准试验条件下继续用聚乙烯薄膜封闭试件2d，去除聚乙烯薄膜后，再在标准试验条件下养护21d。

（4）将试件置于干燥箱内，缓慢升温至65±2℃下烘干至恒定质量，然后移至干燥器中冷却至室温。恒定质量的判定依据为恒温3h两次称量试件的质量变化率应小于0.2%。

（5）称量试件烘干后的质量G，保留5位有效数字。

（6）在试件相对的两个大面上距两边20mm处，测量其长度和宽度，精确至1mm，取四个测量值的算术平均值。

（7）在试件相对的两个侧面，距端面20mm处和中间位置用游标卡尺分别测量厚度，精确至0.5mm，取六个测量值的算术平均值。

（8）结果计算。

干表观密度ρ按照式（1.1-1）计算。

根据公式得出干表观密度ρ，试验结果取六块试件检测值的算术平均值。

2. 抗压强度

（1）检验干表观密度后的6块试件。

（2）在试件上、下两受压面距棱边10mm处用钢直尺测量长度和宽度，在厚度两个对应面的中部用钢直尺测量试件的厚度，长度和宽度测量结果分别为4个测量值的算术平均值，精确至1mm，厚度测量结果为两个测量值的算术平均值，精确至1mm。

（3）将试件安放在压力试验机承压板上，使试验机承压板中心应与试件中心重合。

（4）开动试验机，当上压板与试件接近时，调整球座，使试件受压面与承压板均匀接触。以10±1mm/min的速度对试件加荷，直至试件破坏，同时记录试件压缩变形值。当试件在压缩变形5%时没有破坏，则试件压缩变形5%时的荷载为破坏荷载。记录破坏荷载P_1，精确至10N。

（5）结果计算

1）每个试件的抗压强度按式（1.1-2）计算。

2）试验结果以6个试件检测值的算术平均值作为该试件的抗压强度σ。

3. 导热系数

（1）试样要求

试样两块，尺寸300mm×300mm×30mm，表面平整度为100mm不超过0.05mm。

（2）试件测量

1）用钢直尺或钢卷尺分别测量试件两对面距棱边10mm处的长度和宽度。精确至1mm，测量结果为4个测量值的算术平均值。在制品的两个侧面上，用游标卡尺分别测量侧面的两边及中间位置的厚度。精确至0.5mm，测量结果为6个测量值的算术平均值。

2）用钢直尺在制品的任一大面上测量两条对角线的长度，并计算出两条对角线之差。然后在另一大面上重复上述测量，精确至1mm。取两个对角线差的较大值为测量结果。

3）不平整度测量：工作表面的不平整度用四棱尺或金属直尺检查，将尺的棱线紧靠被测表面，在尺的背面用光线照射棱线进行观察，可容易地观察小到25μm的偏离，大的偏离可用塞尺或薄纸测定。

（3）试验步骤

1）测试前的状态调节：测试前必须把试件放在干燥器或通风的烘箱里，以对材料适宜的温度将试件调节到恒定的质量。当试件在给定的温度范围内使用时，应在这个温度范围的上限、空气流动并控制的环境下调节到恒定的质量。

为了减少试验时间，试件可在放入装置前调节到试验平均温度25℃。

2）热流量的测定：测量施加于计量部位的平均电功率，准确度不低于0.2%。建议使用直流电。用直流电时，通常使用有电压和电流的四线制电位差计测定。

3）冷面控制：当使用双试件装置时，调节冷却单元或冷面加热器使两个试件的温差的差异不大于2%。

4）温差检测：用以证明有足够精密度和准确度、满足以下方法来测定加热面板和冷却面板的温度或试件表面温度和计量到防护的温度平衡。

表面的平整度符合面板要求的均匀平面，且热阻大于0.5m^2·K/W的非刚性试件，温差由永久性埋设在加热和冷却单元面板内的温度传感器（通常为热电偶）测量。

5）过渡时间和测量间隔：

由于该方法是建立在热稳态状态下的，为得到热性质的准确值，让装置和试件有充分的热平衡时间是非常重要的。

测定低热容量的良好绝热体，并存在湿气的吸收或释放而带来潜热交换的场合，试件内部温度达到热平衡可能要很长时间。

达到平衡所需的时间能从几分钟变化到几天，它与装置、试件及它们的相互作用有关。

估计这个时间时，必须充分考虑下列各项：

a. 冷却单元、加热单元的计量部分、加热单元的防护部分的热容量及控制系统；

b. 装置的绝热；

c. 试件的热扩散系数、水蒸气渗透率和厚度；

d. 试验过程中的试验温度和环境；

e. 试验开始时试件的温度和含湿量。

总之，控制系统能减少达到热平衡所需要的时间，但是对减少含湿量平衡时间的作用很小。

在不能较精确的估计过渡时间或者没有在同一装置里、在同样测定条件下测定类似试件时，可按式（1.1-3）计算时间间隔Δt：

以等于或大于Δt的时间间隔（一般取30min）按有关规定读取数据，持续到连续4组读数给出的热阻值的差别不超过1%，并且不是朝一个方向改变时。按照稳定状态开始的定义，读取数据至少持续24h。

当加热单元的温度为自动控制时，记录温差和（或）施加在计量加热器上的电压或电流有助于检查是否达到稳态条件。

（4）对于使用 DRCD-3030 智能化导热系数测定仪测定导热系数时具体试验步骤：详见 DRCD-3030 智能化导热系数测定仪说明书。

4. 线性收缩率

（1）将收缩头固定在试模两端的孔洞中，使收缩头露出试件端面 8±1mm；

（2）将拌合好的砂浆装入试模中，再用水泥胶砂振动台振动密实，试件制好后立即用聚乙烯薄膜封闭试模，在标准养护条件（温度 23±2℃，相对湿度为 45%~75%）下养护 5d 后拆模，并编号、标明测试方向；

（3）将试件移入温度 23±2℃，相对湿度为 45%~75% 的试验室预置 4h，方可按标明的测试方向立即测定试件的初始长度。测定前，应先采用标准杆调整收缩仪的百分表的原点；

（4）测定初始长度后，将试件置于温度 23±2℃，相对湿度为 45%~75% 室内，继续养护 49d 后进行线性收缩率的测试。

（5）收缩率计算，按式（1.4-1）计算：

$$\varepsilon_m = \frac{L_0 - L_t}{L - L_d} \tag{1.4-1}$$

式中 ε_m——收缩率，%；

L_0——试件的初试长度，mm；

L_t——相应于 56d 时试件的实测长度，mm；

L——试件的长度，160mm；

L_d——两个收缩头埋入砂浆中长度之和，即 20±2mm。

试验结果以 3 个试件测值的算术平均值作为试验结果。当 1 个值与平均值偏差大于 20% 时，应剔除；当有两个值超过 20% 时，该组试件结果应无效。每块试件的结果应取两位有效数字，并精确至 10×10^{-6}。

1.4.6 结果评定

胶粉聚苯颗粒浆料性能指标，见表 1.4-1。

胶粉聚苯颗粒浆料性能指标（JG/T 158—2013） **表 1.4-1**

项 目	单 位	性能指标	
		保温浆料	贴砌浆料
干表观密度	kg/m³	180~250	250~350
导热系数	W/(m·K)	≤0.06	≤0.08
抗压强度	MPa	≥0.20	≥0.30
线性收缩率	%	≤0.3	≤0.3

第2章 保温板材

2.1 绝热用模塑聚苯乙烯泡沫塑料

2.1.1 适用范围

绝热用模塑聚苯乙烯泡沫塑料表观密度、压缩强度、导热系数、吸水率、尺寸稳定性的检测。

2.1.2 试验标准

（1）《绝热用模塑聚苯乙烯泡沫塑料》GB/T 10801.1—2002。

（2）《膨胀聚苯板薄抹灰外墙外保温系统》JG 149—2003。

（3）《建筑节能工程施工质量验收规范》GB 50411—2007。

2.1.3 检验批

出厂检验：同一规格的产品数量不超过 2000m^3 为一批。

现场复验：同一厂家同一品种的产品，当单位工程建筑面积在 20000m^2 以下时各抽查不少于 3 次，当单位工程建筑面积在 20000m^2 以上时各抽查不少于 6 次。

2.1.4 检测设备

（1）制样机。

（2）导热系数测定仪。

（3）压力试验机：最大压力示值 20kN，相对示值误差应小于 1%。试验机应具有显示受压变形的装置。

（4）电热鼓风干燥箱。

（5）干燥器。

（6）天平：称量 2kg，分度值 0.1g。

（7）钢直尺：分度值为 1mm。

（8）游标卡尺：分度值为 0.02mm。

2.1.5 检测方法

1. 时效和状态调节

所有试验样品应去掉表皮并自生产之日起在自然条件下放置 28d 后按《塑料试样状态调节和试验的标准环境》GB/T 2918—1998 中 23/50 二级环境条件进行，样品在温度 23 ± 2℃，相对湿度 45% ~55% 的条件下进行 16h 状态调节。

2. 表观密度

（1）将样品制成（100 ±1）mm ×（100 ±1）mm ×（50 ±1）mm 的试样 3 个。

（2）每一个试样表面至少取 5 个点，点的选择具有代表性，每个点分别测量试样的长、宽、厚各 3 次，取每个点的 3 个读数的中值，并用 5 个或 5 个以上的中值计算平均值。

（3）称重试样，精确到 0.5%。

（4）结果的计算，按式（2.1-1）计算。

$$\rho = m/v \times 10^6 \tag{2.1-1}$$

式中 ρ——表观密度，kg/m^3；

m——试样的质量，g；

v——试样的体积，mm^3。

试验结果以 3 个试样的算术平均值表示，精确至 0.1kg/m^3。

密度低于 30kg/m^3 闭孔泡沫材料的表观密度，应用式（2.1-2）计算：

$$\rho = (m + m_s)/v \times 10^6 \tag{2.1-2}$$

式中 ρ——表观密度，kg/m^3；

m——试样的质量，g；

m_s——排出空气的质量，g；

v——试样的体积，mm^3。

注：m_s 指在常压和一定温度时的空气密度（g/mm^3）乘以试样体积（mm^3）。

空气密度：压力 101.325Pa（760mmHg）

温度 23℃，$1.220 \times 10^{-6} g/mm^3$

27℃，$1.195 \times 10^{-6} g/mm^3$

3. 压缩强度的测定。

（1）制取试样尺寸（100 ±1）mm ×（100 ±1）mm ×（50 ±1）mm 试样 5 个。

（2）试样状态调节按《塑料试样状态调节和试验的标准环境》GB/T 2918 规定，温度 23 ±2℃，相对湿度 40% ~60%，至少 6h。

（3）测量每个试样的三维尺寸。将试样放置在压缩试验机的两块平行板之间的中心，以 5mm/min 速度压缩试样，直到试样厚度变为初始厚度的 85%，记录在压缩过程中的力值。如果要测定压缩弹性模量，应记录力-位移曲线，并画出曲线斜率最大处的切线。找出相对形变为 10% 的压缩应力。

（4）结果的计算，按式（2.1-3）计算。

$$\sigma_{10} = 10^3 \times F_{10}/A_0 \tag{2.1-3}$$

式中 F_{10}——使试样产生 10% 相对形变的力，N；

A_0——试样初始横截面积，mm^2。

试验结果以 5 个试样的算术平均值表示，保留 3 位有效数字。

4. 导热系数的测定。

（1）试样要求

试样为两块，尺寸 300mm ×300mm ×25mm，表面平整度为 100mm 不超过 0.05mm。

（2）试件测量

1）用钢直尺或钢卷尺分别测量试件两对面距棱边10mm处的长度和宽度。精确至1mm，测量结果为4个测量值的算术平均值。在制品的两个侧面上，用游标卡尺分别测量侧面的两边及中间位置的厚度。精确至0.5mm，测量结果为6个测量值的算术平均值。

2）用钢直尺在制品的任一大面上测量两条对角线的长度，并计算出两条对角线之差。然后在另一大面上重复上述测量，精确至1mm。取两个对角线差的较大值为测量结果。

3）不平整度测量：工作表面的不平整度用四棱尺或金属直尺检查，将尺的棱线紧靠被测表面，在尺的背面用光线照射棱线进行观察，可容易地观察小到25μm的偏离，大的偏离可用塞尺或薄纸测定。

（3）试验步骤

温差为15～20℃，测定平均温度为25±2℃。

1）测试前的状态调节：测试前必须把试件放在干燥器或通风的烘箱里，以对材料适宜的温度将试件调节到恒定的质量。当试件在给定的温度范围内使用时，应在这个温度范围的上限、空气流动并控制的环境下调节到恒定的质量。为了减少试验时间，试件可在放入装置前调节到试验平均温度。

2）热流量的测定：测量施加于计量部位的平均电功率，准确度不低于0.2%。强烈建议使用直流电。用直流时，通常使用有电压和电流的四线制电位差计测定。

3）冷面控制：当使用双试件装置时，调节冷却单元或冷面加热器使两个试件的温差的差异不大于2%。

4）温差检测：用以证明有足够精密度和准确度、满足以下方法来测定加热面板和冷却面板的温度或试件表面温度和计量到防护的温度平衡。

表面的平整度符合面板要求的均匀平面，且热阻大于0.5m^2·K/W的非刚性试件，温差由永久性埋设在加热和冷却单元面板内的温度传感器（通常为热电偶）测量。

5）过渡时间和测量间隔：

由于本方法是建立在热稳态状态下的，为得到热性质的准确值，让装置和试件有充分的热平衡时间是非常重要的。

测定低热容量的良好绝热体，并存在湿气的吸收或释放而带来潜热交换的场合，试件内部温度达到热平衡可能要很长时间。

达到平衡所需的时间能从几分钟变化到几天，它与装置、试件及它们的交互作用有关。

估计这个时间时，必须充分考虑下列各项：

a. 冷却单元、加热单元的计量部分、加热单元的防护部分的热容量及控制系统；

b. 装置的绝热；

c. 试件的热扩散系数、水蒸气渗透率和厚度；

d. 试验过程中的试验温度和环境；

e. 试验开始时试件的温度和含湿量。

总之，作为一般的指南，控制系统能减少达到热平衡所需要的时间，但是对减少含湿量平衡时间的作用很小。

在不可能较精确的估计过渡时间或者没有在同一装置里、在同样测定条件下测定类似试件的经验时，按式（1.1-3）计算时间间隔 Δt：

以等于或大于 Δt 的时间间隔（一般取 30min）按有关规定读取数据，持续到连续 4 组读数给出的热阻值的差别不超过 1%，并且不是单调的朝一个方向改变时。在不可能较精确的估计过渡时间或者没有在同一装置里、在同样测定条件下测定类似试件的经验时，按照稳定状态开始的定义，读取数据至少持续 24h。

当加热单元的温度为自动控制时，记录温差和（或）施加在计量加热器上的电压或电流有助于检查是否达到稳态条件。

（4）对于使用 DRCD-3030 智能化导热系数测定仪测定导热系数时具体试验步骤：详见 DRCD-3030 智能化导热系数测定仪说明书。

5. 吸水率

（1）制取试样尺寸（100 ±1）mm ×（100 ±1）mm ×（50 ±1）mm 试样 3 个，试样表面应光滑、平整和无粉末，常温下放于干燥器中，每隔 12h 称重一次，直至连续两次称重质量相差不大于平均值的 1%。

（2）称量干燥后试样质量（m_1），准确至 0.1g。

（3）测量试样长、宽、高各 5 个数，取平均值用于计算 V_0，V_0 准确至 0.1m³。

（4）在温度 23 ±2℃，相对湿度 45% ~55% 的试验环境下将蒸馏水注入圆筒容器内。将网笼浸入水中，除去网笼表面气泡，挂在天平上，称其表观质量（m_2），精确至 0.1g。

（5）将试样装入网笼，重新浸入水中，并使试样顶面距水面约 50mm，用软毛刷或搅动除去网笼和样品表面气泡。

（6）用低渗透塑料薄膜覆盖在圆筒容器上。

（7）水温 23 ±2℃，浸泡 96h，移去塑料薄膜，称量浸在水中装有试样的网笼的表观质量（m_3），精确至 0.1g。

（8）目测试样溶胀情况，来确定溶胀和切割表面体积的校正。均匀溶胀用方法 A，不均匀溶胀用方法 B。

（9）方法 A：从水中取出试样，立即重新测量其尺寸，为测量方便在测量前用滤纸吸去表面水分。试样均匀溶胀体积校正系数 S_0，由式（2.1-4）~式（2.1-6）求得。

$$S_0 = (V_1 - V_0)/V_0 \tag{2.1-4}$$

$$V_0 = d \times l \times b/1000 \tag{2.1-5}$$

$$V_1 = d_1 \times l_1 \times b_1/1000 \tag{2.1-6}$$

式中 V_1——试样浸泡后体积，cm³；

V_0——试样初始体积，cm³；

d——试样的初始厚度，mm；

l——试样的初始长度，mm；

b——试样的初始宽度，mm；

d_1——试样浸泡后厚度，mm；

l_1——试样浸泡后长度，mm；

b_1——试样浸泡后宽度，mm。

切割表面泡孔的体积校正。

1）从进行吸水试验的相同样品上切片，测量其平均泡孔直径 D，按式（2.1-7）、式（2.1-8）计算切割表面泡孔体积 V_c

有自然表皮或复合表皮的试样：

$$V_c = 0.54D(l \times d + b \times d)/500 \tag{2.1-7}$$

各表面均为切割面的试样：

$$V_c = 0.54D(l \times d + l \times b + b \times d)/500 \tag{2.1-8}$$

式中 V_c——试样切割表面泡孔体积，cm^3；

D——平均泡孔直径，mm。

2）若平均泡孔直径小于 0.50mm，且试样体积不小于 $500cm^3$，切割面泡孔的体积校正较小（小于 3.0%）可以被忽略。

（10）方法 B：用一个带溢流管圆筒容器，注满蒸馏水直到水从溢流管流出，当水平面稳定后，在溢流管下放一容积不小于 $600cm^3$ 带刻度的容器，此容器能用它测量溢出水体积，精确至 $0.5cm^3$（也可用称量法）。从原始容器中取出试样和网笼，淌干表面水分（约 2min），小心地将装有试样的网笼浸入装满水的容器，水平面稳定后测量排出水的体积（V_2），精确至 $0.5cm^3$。用网笼重复上述过程，并测量其体积（V_3），精确至 $0.5cm^3$。

溶胀和切割表面体积合并校正系数 S_1 由式（2.1-9）得出：

$$S_1 = (V_2 - V_3 - V_0)/V_0 \tag{2.1-9}$$

式中 V_2——装有试样的网笼浸在水中排出水的体积，cm^3；

V_3——网笼浸在水中排出水的体积，cm^3；

V_0——试样初始体积，cm^3。

（11）吸水率的计算，见式（2.1-10）、式（2.1-11）。

1）方法 A

$$W_{AV} = [m_3 + V_1 \times \rho - (m_1 + m_2 + V_C \times \rho)]/(V_0\rho) \times 100 \tag{2.1-10}$$

式中 W_{AV}——吸水率，%；

m_1——试样质量，g；

m_2——网笼浸在水中的表观质量，g；

m_3——装有试样的网笼浸在水中的表观质量，g；

V_1——试样浸渍后体积，cm^3；

V_c——试样切割表面泡孔体积，cm^3；

V_0——试样初始体积，cm^3；

ρ——水的密度（$=1g/cm^3$）。

2）方法 B

$$W_{AV} = [m_3 + (V_2 - V_3) \times \rho - (m_1 + m_2)]/(V_0\rho) \times 100 \tag{2.1-11}$$

式中 W_{AV}——吸水率，%；

m_1——试样质量，g；

m_2——网笼浸在水中的表观质量，g；

m_3——装有试样的网笼浸在水中的表观质量，g；

V_2——装有试样的网笼浸在水中排出水的体积，cm^3；

V_3——网笼浸在水中排出水的体积，cm^3；

V_0——试样初始体积，cm^3；

ρ——水的密度（$=1g/cm^3$）。

（12）结果表示。

取3个试样吸水率的算术平均值。

6. 尺寸稳定性

（1）用锯切或其他机械加工方法从样品上切取试样，并保证试样表面平整而无裂纹，若无特殊规定，应除去泡沫塑料的表皮。试样为长方体，试样最小尺寸为$(100\pm1)mm\times(100\pm1)mm\times(25\pm0.5)mm$ 3个试样。

（2）试样应按《塑料试样状态调节和试验的标准环境》GB/T 2918—1998的规定，在温度23±2℃、相对湿度45%～55%条件下进行状态调节，放置1～3h。

（3）测量试样尺寸，并目测检查试样状态。测量每个试样试验前3个不同位置的长度，宽度，及5个不同点的厚度。

（4）调节试验箱内温度至70±2℃，将试样水平置于箱内金属网或多孔板上，试样间隔至少25mm，鼓风以保持箱内空气循环。试样不应受加热元件的直接辐射。48h后取出试样。在（2）规定的条件下放置1～3h；按（3）规定测量试样尺寸，并目测检查试样状态。

（5）结果的计算，按式（2.1-12）～式（2.1-14）计算。

$$\varepsilon_L=\frac{L_t-L_0}{L_0}\times100\% \tag{2.1-12}$$

$$\varepsilon_W=\frac{W_t-W_0}{W_0}\times100\% \tag{2.1-13}$$

$$\varepsilon_T=\frac{T_t-T_0}{T_0}\times100\% \tag{2.1-14}$$

式中 ε_W、ε_L、ε_T——分别为试样的长度、宽度及厚度的尺寸变化率的数值，%；

L_t、W_t、T_t——分别为试样试验后的平均长度、宽度和厚度的数值，mm；

L_0、W_0、T_0——分别为试样试验前的平均长度、宽度和厚度的数值，mm。

试验结果以3个试样的算术平均值表示。

2.1.6 结果评定

结果评定，见表2.1-1。

结果评定 表2.1-1

项目	单位	性能指标					
		Ⅰ	Ⅱ	Ⅲ	Ⅳ	Ⅴ	Ⅵ
表观密度 不小于	kg/m^3	15.0	20.0	30.0	40.0	50.0	60.0
压缩强度不小于	kPa	60	100	150	200	300	400
导热系数不大于	W/（m·K）	0.041		0.039			

续表

项　　目	单位	性能指标					
		Ⅰ	Ⅱ	Ⅲ	Ⅳ	Ⅴ	Ⅵ
尺寸稳定性不大于	%	4	3	2	2	2	1
吸水率（体积分数）不大于	%	6	4	2			

2.2 绝热用挤塑聚苯乙烯泡沫塑料

2.2.1 适用范围

挤塑聚苯乙烯泡沫塑料表观密度、压缩强度、导热系数、吸水率、尺寸稳定性的检测。

2.2.2 试验标准

（1）《绝热用挤塑聚苯乙烯泡沫塑料（XPS）》GB/T 10801.2—2002。

（2）《建筑节能工程施工质量验收规范》GB 50411—2007。

2.2.3 检验批

出厂检验：以出厂的同一类别、同一规格的产品 300m^3 为一批，不足 300m^3 的按一批计。

现场复验：同一厂家同一品种的产品，当单位工程建筑面积在 20000m^2 以下时各抽查不少于 3 次，当单位工程建筑面积在 20000m^2 以上时各抽查不少于 6 次。

2.2.4 检测设备

（1）制样机。

（2）导热系数测定仪。

（3）压力试验机：最大压力示值 20kN，相对示值误差应小于1%，试验机应具有显示受压变形的装置。

（4）电热鼓风干燥箱。

（5）干燥器。

（6）天平：称量 2kg，分度值 0.1g。

（7）钢直尺：分度值为 1mm。

（8）游标卡尺：分度值为 0.02mm。

2.2.5 检测方法

1. 时效和状态调节

导热系数试验应将样品自生产之日起在环境条件下放置 90d 进行，其他物理机械性能试验应将样品自生产之日起在环境条件下放置45d进行。试验前，样品在温度23±2℃，相对湿度45%~55%条件下进行状态调节。

2. 压缩强度的测定

（1）制取试样尺寸(100±1)mm×(100±1)mm，厚度为原厚的试样5个，对于厚度大于100mm的制品，试样的长度和宽度应不低于制品厚度。

（2）试样状态调节按《塑料试样状态调节和试验的标准环境》GB/T 2918规定。温度23±2℃，相对湿度45%~55%，至少6h。

（3）测量每个试样的三维尺寸。将试样放置在压缩试验机的两块平行板之间的中心，加荷速度为试件厚度的1/10mm/min，压缩试样，直到试样厚度变为初始厚度的85%，记录在压缩过程中的力值。如果要测定压缩弹性模量，应记录力-位移曲线，并画出曲线斜率最大处的切线。找出相对形变为10%的压缩应力。

（4）结果的计算，按式（2.1-3）计算

试验结果以5个试样的算术平均值表示。

3. 吸水率

（1）制取试样尺寸（150±1）mm×（150±1）mm，厚度为原厚试样3个，试样表面应光滑、平整和无粉末，常温下放于干燥器中，每隔12h称重一次，直至连续两次称重质量相差不大于平均值的1%。

（2）称量干燥后试样质量（m_1），准确至0.1g。

（3）测量试样长、宽、高各5个数，取平均值用于计算V_0，V_0准确至$0.1m^3$。

（4）在温度23±2℃，相对湿度45%~55%的试验环境下将蒸馏水注入圆筒容器内。将网笼浸入水中，除去网笼表面气泡，挂在天平上，称其表观质量（m_2），精确至0.1g。

（5）将试样装入网笼，重新浸入水中，并使试样顶面距水面约50mm，用软毛刷或搅动除去网笼和样品表面气泡。

（6）用低渗透塑料薄膜覆盖在圆筒容器上。

（7）水温23±2℃，浸泡96h，移去塑料薄膜，称量浸在水中装有试样的网笼的表观质量（m_3），精确至0.1g。

（8）目测试样溶胀情况，来确定溶胀和切割表面体积的校正。均匀溶胀用方法A，不均匀溶胀用方法B。

（9）方法A：从水中取出试样，立即重新测量其尺寸，为测量方便在测量前用滤纸吸去表面水分。试样均匀溶胀体积校正系数S_0，由式（2.1-4）~式（2.1-6）求得。

切割表面泡孔的体积校正。

1）从进行吸水试验的相同样品上切片，测量其平均泡孔直径D，按式（2.1-7）、式（2.1-8）。

2）若平均泡孔直径小于0.50mm，且试样体积不小于$500cm^3$，切割面泡孔的体积校正较小（小于3.0%）可以被忽略。

（10）方法B：用一个带溢流管圆筒容器，注满蒸馏水直到水从溢流管流出，当水平面稳定后，在溢流管下放一容积不小于$600cm^3$带刻度的容器，此容器能用它测量溢出水体积，精确至$0.5cm^3$（也可用称量法）。从原始容器中取出试样和网笼，淌干表面水分（约2min），小心地将装有试样的网笼浸入装满水的容器，水平面稳定后测量排出水的体

积（V_2），精确至0.5cm^3。用网笼重复上述过程，并测量其体积（V_3），精确至0.5cm^3。

溶胀和切割表面体积合并校正系数 S_1 由式（2.1-9）得出。

（11）吸水率的计算，见式（2.1-10）、式（2.1-11）。

（12）结果表示。

取3个试样吸水率的算术平均值。

4. 绝热性能

（1）试样要求

试样两块，尺寸300mm×300mm，厚度为原厚，表面平整度为100mm不超过0.05mm。

（2）试件测量

1）用钢直尺或钢卷尺分别测量试件两对面距棱边10mm处的长度和宽度。精确至1mm，测量结果为4个测量值的算术平均值。在制品的两个侧面上，用游标卡尺分别测量侧面的两边及中间位置的厚度。精确至0.5mm，测量结果为6个测量值的算术平均值。

2）用钢直尺在制品的任一大面上测量两条对角线的长度，并计算出两条对角线之差。然后在另一大面上重复上述测量，精确至1mm。取两个对角线差的较大值为测量结果。

3）不平整度测量：工作表面的不平整度用四棱尺或金属直尺检查，将尺的棱线紧靠被测表面，在尺的背面用光线照射棱线进行观察，可容易地观察小到25μm的偏离，大的偏离可用塞尺或薄纸测定。

（3）试验步骤

测定平均温度为10±2℃和25±2℃下的导热系数，试验温差为15~25℃。

1）测试前的状态调节：测试前必须把试件放在干燥器或通风的烘箱里，以对材料适宜的温度将试件调节到恒定的质量。当试件在给定的温度范围内使用时，应在这个温度范围的上限、空气流动并控制的环境下调节到恒定的质量。为了减少试验时间，试件可在放入装置前调节到试验平均温度。

2）热流量的测定：测量施加于计量部位的平均电功率，准确度不低于0.2%。建议使用直流电。用直流电时，通常使用有电压和电流的四线制电位差计测定。

3）冷面控制：当使用双试件装置时，调节冷却单元或冷面加热器使两个试件的温差的差异不大于2%。

4）温差检测：用以证明有足够精密度和准确度、满足以下方法来测定加热面板和冷却面板的温度或试件表面温度和计量到防护的温度平衡。

表面的平整度符合面板要求的均匀平面，且热阻大于0.5$m^2 \cdot K/W$的非刚性试件，温差由永久性埋设在加热和冷却单元面板内的温度传感器（通常为热电偶）测量。

5）过渡时间和测量间隔：

由于本方法是建立在热稳态状态下的，为得到热性质的准确值，让装置和试件有充分的热平衡时间是非常重要的。

测定低热容量的良好绝热体，并存在湿气的吸收或释放而带来潜热交换的场合，试件内部温度达到热平衡可能要很长时间。

达到平衡所需的时间能从几分钟变化到几天，它与装置、试件及它们的交互作用有关。

估计这个时间时，必须充分考虑下列各项：

a. 冷却单元、加热单元的计量部分、加热单元的防护部分的热容量及控制系统；

b. 装置的绝热；

c. 试件的热扩散系数、水蒸气渗透率和厚度；

d. 试验过程中的试验温度和环境；

e. 试验开始时试件的温度和含湿量。

总之，控制系统能减少达到热平衡所需要的时间，但是对减少含湿量平衡时间的作用很小。

在不能较精确的估计过渡时间或者没有在同一装置里、在同样测定条件下测定类似试件时，可按式（1.1-3）计算时间间隔 Δt：

以等于或大于 Δt 的时间间隔（一般取30min）按有关规定读取数据，持续到连续4组读数给出的热阻值的差别不超过1%，并且不是朝一个方向改变时。按照稳定状态开始的定义，读取数据至少持续24h。

当加热单元的温度为自动控制时，记录温差和（或）施加在计量加热器上的电压或电流有助于检查是否达到稳态条件。

（4）对于使用DRCD-3030智能化导热系数测定仪测定导热系数时具体试验步骤：详见DRCD-3030智能化导热系数测定仪说明书。

5. 尺寸稳定性

（1）用锯切或其他机械加工方法从样品上切取试样，并保证试样表面平整而无裂纹，若无特殊规定，应除去泡沫塑料的表皮。试样为3个试样，试样尺寸为(100±1)mm×(100±1)mm，厚度为原厚。

（2）试样应按《塑料试样状态调节和试验的标准环境》GB/T 2918—1998的规定，在温度23±2℃、相对湿度45%~55%条件下进行状态调节，放置1~3h。

（3）测量试样尺寸，并目测检查试样状态。测量每个试样试验前三个不同位置的长度，宽度，及五个不同点的厚度。

（4）调节试验箱内温度至70±2℃，将试样水平置于箱内金属网或多孔板上，试样间隔至少25mm，鼓风以保持箱内空气循环。试样不应受加热元件的直接辐射。48h后取出试样。在（2）规定的条件下放置1~3h；按（3）规定测量试样尺寸，并目测检查试样状态。

（5）结果的计算，按式（2.1-12）~式（2.1-14）计算。

2.2.6 结果评定

结果评定，见表2.2-1。

结果评定 表2.2-1

项目	单位	性能指标									
		带表皮								不带表皮	
		X150	X200	X250	X300	X350	X400	X450	X500	W200	W300
压缩强度	kPa	≥150	≥200	≥250	≥300	≥350	≥400	≥450	≥500	≥200	≥300

续表

项目	单位	性能指标									
		带表皮								不带表皮	
		X 150	X 200	X 250	X 300	X 350	X 400	X 450	X 500	W 200	W 300
吸水率,浸水96h	% (体积分数)	≤1.5		≤1.0						≤2.0	≤1.5
导热系数平均温度 10℃ 25℃	W/(m·K)	≤0.028 ≤0.030				≤0.027 ≤0.029				≤0.033 ≤0.035	≤0.030 ≤0.032
尺寸稳定性 70±2℃下,48h	%	≤2.0		≤1.5			≤1.0			≤2.0	≤1.5

2.3 泡沫玻璃

2.3.1 适用范围

泡沫玻璃体积密度、导热系数、抗压强度的检测。

2.3.2 试验标准

《泡沫玻璃绝热制品》JC/T 647—2005。

2.3.3 检验批

以同一原料、配方、同一生产工艺稳定连续生产同一品种产品为一批。每批数量以1500包装箱为限，同一批被检产品的生产时限不得超过两周。

2.3.4 检测设备

（1）压力试验机：最大压力示值20kN，相对示值误差应小于1%，试验机应具有显示受压变形的装置。

（2）电热鼓风干燥箱。

（3）干燥器。

（4）天平：称量2kg，分度值0.1g。

（5）钢直尺：分度值为1mm。

（6）钢卷尺：分度值为1mm。

（7）导热系数测定仪。

（8）游标卡尺：分度值为0.02mm。

2.3.5 检测方法

1. 时效和状态调节

试件在试验前应暴露在室内自然存放至少1d。

2. 体积密度

（1）试样数量

在同一批被检产品中，随机抽取3块制品作为试件。试件最小尺寸不得小于200mm×200mm×25mm。

（2）几何尺寸的测量

1）在试件相对两个大面上距两边20mm处，用钢直尺分别测量试件的长度和宽度。精确至1mm，测量结果为4个测量值的算术平均值。

2）在试件的两个侧面上，用游标卡尺分别测量侧面的两边及中间位置的厚度。精确至0.5mm，测量结果为6个测量值的算术平均值。

3）分别计算出3个试件的体积V。

（3）试件质量

在天平上分别称取3个试件质量G_0，并保留4位有效数字。

（4）结果计算

体积密度按式（2.3-1）计算。

$$\rho=\frac{G_0}{V}\times10^6 \tag{2.3-1}$$

式中 ρ——试件密度，$1kg/m^3$；

G_0——试件质量，g；

V——试件的体积，mm^3。

（5）结果处理

试件的体积密度为3块试件体积密度的算术平均值。精确至$1kg/m^3$。

3. 抗压强度

（1）试样要求

随机抽取五块制品作为试件。试件尺寸为100mm×100mm×40mm。

（2）试验步骤

1）将试件置于干燥箱内，缓慢升温至383±5K（110±5℃），在此温度下烘干至恒质量（恒质量的判据为恒温3h两次称量试件质量的变化率小于0.2%），然后移至干燥器中冷却至室温。

2）称量烘干后的试件质量G，保留5位有效数字。

3）在试件受压面距棱边10mm处测量长度和宽度，在厚度的两个对应面的中部测量试件的厚度。测量的结果为两个测量值的算术平均值，精确至1mm。

4）在试验前，应用漆刷或刮刀把乳化沥青或融化沥青均匀涂在试件上下两个受压面上，要求泡孔刚好涂平，然后将预先裁好的约100mm×100mm大小的沥青油纸覆盖在涂层上，并放置在干燥器中，至少干燥24h。

5）将试件置于压力试验机的承压板上，使压力试验机承压板的中心与试件中心重合。

6）开动试验机，当上压板与试件接近时，调整球座，使试件受压面与承压板均匀接触。

7）以约10mm/min速度对试件加荷，直至试件破坏，同时记录压缩变形值。当试件在压缩变形5%时没有破坏，则试件压缩变形5%时的荷载为破坏荷载。记录破坏荷载 P。精确至10N。

（3）结果计算与评定

1）每个试件的抗压强度按式（1.1-2）计算。

2）单块样品的抗压强度为该样品中5个试件抗压强度的算术平均值，制品的抗压强度为五块样品抗压强度的算术平均值。精确至0.01MPa。

4. 导热系数

（1）试样要求

试样尺寸300mm×300mm×(20～25)mm。表面平整度为100mm不超过0.05mm。

（2）试件测量

1）用钢直尺或钢卷尺分别测量试件两对面距棱边10mm处的长度和宽度。精确至1mm，测量结果为4个测量值的算术平均值。在制品的两个侧面上，用游标卡尺分别测量侧面的两边及中间位置的厚度。精确至0.5mm，测量结果为6个测量值的算术平均值。

2）用钢直尺在制品的任一大面上测量两条对角线的长度，并计算出两条对角线之差。然后在另一大面上重复上述测量，精确至1mm。取两个对角线差的较大值为测量结果。

3）不平整度测量：工作表面的不平整度用四棱尺或金属直尺检查，将尺的棱线紧靠被测表面，在尺的背面用光线照射棱线进行观察，可容易地观察小到25μm的偏离，大的偏离可用塞尺或薄纸测定。

（3）试验步骤

1）测试前的状态调节：试件在试验前应暴露在室内自然存放至少1d。为了减少试验时间，试件可在放入装置前调节到试验平均温度。

2）热流量的测定：测量施加于计量部位的平均电功率，准确度不低于0.2%。建议使用直流电。用直流时，通常使用有电压和电流的四线制电位差计测定。

3）冷面控制：当使用双试件装置时，调节冷却单元或冷面加热器使两个试件的温差的差异不大于2%。

4）温差检测：用以证明有足够精密度和准确度、满足以下方法来测定加热面板和冷却面板的温度或试件表面温度和计量到防护的温度平衡。

表面的平整度符合面板要求的均匀平面，且热阻大于0.5m^2·K/W的非刚性试件，温差由永久性埋设在加热和冷却单元面板内的温度传感器（通常为热电偶）测量。

5）过渡时间和测量间隔：

由于本方法是建立在热稳态状态下的，为得到热性质的准确值，让装置和试件有充分的热平衡试时间是非常重要的。

测定低热容量的良好绝热体，并存在湿气的吸收或释放而带来潜热交换的场合，试件内部温度达到热平衡可能要很长时间。

达到平衡所需的时间能从几分钟变化到几天，它与装置、试件及它们的交互作用有关。

估计这个时间时，必须充分考虑下列各项：

a. 冷却单元、加热单元的计量部分、加热单元的防护部分的热容量及控制系统；

b. 装置的绝热；

c. 试件的热扩散系数、水蒸气渗透率和厚度；

d. 试验过程中的试验温度和环境；

e. 试验开始时试件的温度和含湿量。

总之，控制系统能减少达到热平衡所需要的时间，但是对减少含湿量平衡时间的作用很小。

在不能较精确的估计过渡时间或者没有在同一装置里、在同样测定条件下测定类似试件时，可按式（1.1-3）计算时间间隔 Δt：

以等于或大于 Δt 的时间间隔（一般取30min）按有关规定读取数据，持续到连续4组读数给出的热阻值的差别不超过1%，并且不是朝一个方向改变时。按照稳定状态开始的定义，读取数据至少持续24h。

当加热单元的温度为自动控制时，记录温差和（或）施加在计量加热器上的电压或电流有助于检查是否达到稳态条件。

（4）对于使用DRCD-3030智能化导热系数测定仪测定导热系数时具体试验步骤：详见DRCD-3030智能化导热系数测定仪说明书。

2.3.6 结果评定

结果评定，见表2.3-1。

结果评定 表2.3-1

项目	分类	140		160		180	200
	等级	优等（A）	合格（B）	优等（A）	合格（B）	合格（B）	合格（B）
体积密度（kg/m³）≤		140		160		180	200
抗压强度（MPa）≥		0.4		0.5	0.4	0.6	0.8
导热系数［W/（m·K）］≤ 平均温度							
308K（35℃）		0.048	0.052	0.054	0.064	0.066	0.070
298K（25℃）		0.046	0.050	0.052	0.062	0.064	0.068
233K（-40℃）		0.037	0.040	0.042	0.052	0.054	0.058

2.4 岩　棉　板

2.4.1 适用范围

岩棉板密度及导热系数的检测。

2.4.2 试验标准

（1）《绝热用岩棉、矿渣棉及其制品》GB/T 11835—2007。

(2)《建筑节能工程施工质量验收规范》BG 50411—2007。

2.4.3 检验批

现场复验：同一厂家同一品种的产品，当单位工程建筑面积在20000m^{2}以下时各抽查不少于3次，当单位工程建筑面积在20000m^{2}以上时各抽查不少于6次。

2.4.4 检测设备

(1) 衡器：量程满足试样称量要求，分度值不大于被称质量的0.5%。

(2) 针形厚度计：分度值为1mm，压板压强49Pa，压板尺寸为200mm×200mm。

(3) 测厚仪：分度值为0.1mm，压板压强98Pa。

(4) 游标卡尺：测量范围（0~150）mm，分度值为0.02mm。

(5) 钢直尺：分度值为1mm。

(6) 导热系数测定仪。

2.4.5 检测方法

1. 试样条件

(1) 试验环境

对于试验室环境条件有特殊要求的项目，且在试验方法中注明。未注明试验室环境条件的均可于试验室内的自然环境下进行。推荐采用环境条件为室温16~28℃，相对湿度30%~80%。

(2) 样品要求

各试验项目所需试样按其规定尺寸从大到小依次取整块产品或从中随机切取。导热系数所需的两块试件应在同一块产品邻近的区域切取，若单块产品面积太小无法切取两块试样方才可在密度最接近的两块产品上切取。

导热系数试验项目在试验前应对试样进行干燥处理。其他项目于样品抵达试验室后立即开始进行，样品不需在试验前进行状态调节。

2. 密度试验

(1) 样品制备

岩棉板试样在制品中随机抽取四块同规格、同型号、同生产材料的产品，尺寸规格以方便测量、称量为原则。

(2) 尺寸测量

1) 长度和宽度

把试件平放在玻璃板上，用精度为1mm的钢直尺测量长度（L）测量位置在距试样两边约100mm处，测时要求与对应的边平行及与相邻的边垂直，读数精确到1mm，每块试样测两次，以两次测量结果的算术平均值作为该试样的长度。对表面有贴面的制品应按制品基材的长度进行测量。

试样宽度（b）测量位置在距试样两边约100mm处及中间处，测量时要求与对应的边平行及与相邻的边垂直。以3次测量结果的算术平均值作为该试样的宽度。

2) 厚度测量

厚度的测量在经过长度、宽度测量的试样上进行，每块试样切取尺寸为100mm×100mm小样4块。扫净测厚仪的底面，调节测厚仪压板与底面平行。平稳地抬起测厚仪压板，将小样放在底面与压板之间，轻轻放下压板，使其与小样接触。待测厚仪指针稳定后读数，精确到0.1mm。以4个小样测量的算术平均值作为该试样的厚度（h）。

3）质量的称量

用电子天平称出试样的质量。对于有贴面的制品，应分别称出试样的总质量以及扣除贴面后的质量。

（3）密度的结果计算

1）无贴面制品的密度按（2.4-1）计算，结果取整数。

$$\rho_1 = \frac{m_1 \times 10^9}{L \times b \times h} \tag{2.4-1}$$

式中 ρ_1——试样的密度，kg/m^3；

m_1——试样的质量，kg；

L——试样的长度，mm；

B——试样的宽度，mm；

H——试样的厚度，mm。

2）连贴面试样的密度按（2.4-2）计算，结果取整数。

$$\rho_2 = \frac{m_2 \times 10^9}{L \times b \times h} \tag{2.4-2}$$

式中 ρ_2——带有贴面试样的密度，kg/m^3；

m_2——带有贴面时试样的质量，kg。

其余符号意义同式（2.4-1）。

3. 导热系数

（1）试样要求

试样尺寸300mm×300mm×30mm。表面平整度为100mm不超过0.05mm。

（2）试件测量

1）用钢直尺或钢卷尺分别测量试件两对面距棱边10mm处的长度和宽度。精确至1mm，测量结果为4个测量值的算术平均值。

2）在制品的两个侧面上，用游标卡尺分别测量侧面的两边及中间位置的厚度。精确至0.5mm，测量结果为6个测量值的算术平均值。

3）用钢直尺在制品的任一大面上测量两条对角线的长度，并计算出两条对角线之差。然后在另一大面上重复上述测量，精确至1mm。取两个对角线差的较大值为测量结果。

4）不平整度测量：工作表面的不平整度用四棱尺或金属直尺检查，将尺的棱线紧靠被测表面，在尺的背面用光线照射棱线进行观察，可容易地观察小到25μm的偏离，大的偏离可用塞尺或薄纸测定。

（3）试验步骤

1）测试前的状态调节：测试前必须把试件放在干燥器或通风的烘箱里，以对材料适宜的温度将试件调节到恒定的质量。当试件在给定的温度范围内使用时，应在这个温度范围的上限、空气流动并控制的环境下调节到恒定的质量。

为了减少试验时间，试件可在放入装置前调节到试验平均温度。

2）热流量的测定：测量施加于计量部位的平均电功率，准确度不低于0.2%。建议使用直流电。用直流时，通常使用有电压和电流的四线制电位差计测定。

3）冷面控制：当使用双试件装置时，调节冷却单元或冷面加热器使两个试件的温差的差异不大于2%。

4）温差检测：用以证明有足够精密度和准确度、满足以下方法来测定加热面板和冷却面板的温度或试件表面温度和计量到防护的温度平衡。

表面的平整度符合面板要求的均匀平面，且热阻大于0.5m^2·K/W的非刚性试件，温差由永久性埋设在加热和冷却单元面板内的温度传感器（通常为热电偶）测量。

5）过渡时间和测量间隔：

由于本方法是建立在热稳态状态下的，为得到热性质的准确值，让装置和试件有充分的热平衡时间是非常重要的。

测定低热容量的良好绝热体，并存在湿气的吸收或释放而带来潜热交换的场合，试件内部温度达到热平衡可能要很长时间。

达到平衡所需的时间能从几分钟变化到几天，它与装置、试件及它们的交互作用有关。

估计这个时间时，必须充分考虑下列各项：

a. 冷却单元、加热单元的计量部分、加热单元的防护部分的热容量及控制系统；

b. 装置的绝热；

c. 试件的热扩散系数、水蒸气渗透率和厚度；

d. 试验过程中的试验温度和环境；

e. 试验开始时试件的温度和含湿量。

总之，控制系统能减少达到热平衡所需要的时间，但是对减少含湿量平衡时间的作用很小。

在不能较精确的估计过渡时间或者没有在同一装置里、在同样测定条件下测定类似试件时，可按式（1.1-3）计算时间间隔Δt：

以等于或大于Δt的时间间隔（一般取30min）按有关规定读取数据，持续到连续4组读数给出的热阻值的差别不超过1%，并且不是朝一个方向改变时。按照稳定状态开始的定义，读取数据至少持续24h。

当加热单元的温度为自动控制时，记录温差和（或）施加在计量加热器上的电压或电流有助于检查是否达到稳态条件。

（4）对于使用DRCD-3030智能化导热系数测定仪测定导热系数时具体试验步骤：详见DRCD-3030智能化导热系数测定仪说明书。

2.4.6 结果评定

结果评定，见表2.4-1。

结 果 评 定 **表 2.4-1**

密度（kg/m^3）	密度允许偏差（%）		导热系数［W/（m·K）］（平均温度 70_0^{+5}℃）
	平均值与标称值	单值与平均值	
40～80	±15	±15	≤0.044
81～100			
101～160			≤0.043
161～300			≤0.044

第3章　建筑玻璃及门窗

3.1　建筑玻璃

3.1.1　适用范围

建筑玻璃以及它们的单层、多层窗玻璃可见光透射比、遮蔽系数的检测。

3.1.2　试验标准

（1）《建筑玻璃 可见光透射比、太阳光直接透射比、太阳能总透射比、紫外线透射比及有关窗玻璃参数的测定》GB/T 2680—1994。

（2）《建筑节能工程施工质量验收规范》GB 50411—2007。

3.1.3　检验批

相同材料、在同一工艺条件下生产的玻璃500块为一批。同一厂家同一品种同一类型的产品抽查不少于3件。

3.1.4　测定条件

1. 试样

（1）一般建筑玻璃和单层玻璃构件的试样，均采用同材质玻璃的切片。

（2）多层窗玻璃构件的试样，采用同材质单片玻璃切片的组合体。

（3）试样玻璃切片的尺寸为50mm×50mm，每一层玻璃构件为两个试样。

2. 标样

（1）在光谱透射比测定中，采用与试样相同厚度的空气层作参比标准。

（2）在光谱反射比测定中，采用仪器配置的参比白板作参比标准。

（3）在光谱反射比测定中，采用标准镜面反射体作为工作标准，例如镀铝镜，而不采用完全漫反射体作为工作标准。

3.1.5　检测设备

1. 仪器

（1）分光光度计：测定光谱反射比时，配有镜面反射装置。

（2）波长范围：紫外区：280～380nm；

可见光：380～780nm；

太阳光区：350～1800nm；

远红外区：4.5～25μm。

（3）波长准确度：紫外－可见区： ±1nm 以内；

近红外区： ±5nm 以内；

远红外区： ±0.2μm 以内。

（4）光度测量准确度：紫外－可见区：1% 以内，重复性 0.5%；

近红外区：2% 以内，重复性 1%；

远红外区：2% 以内，重复性 1%。

（5）谱带半宽度：紫外－可见区：10nm 以下；

近红外区：50nm 以下；

远红外区：0.1μm 以下。

（6）波长间隔：紫外区：5nm；

可见光：10nm；

太阳光区：50nm 或 40nm；

远红外区：0.5μm。

2. 照明和探测的几何条件

（1）光谱透射比测定中，照明光束的光轴与试样表面法线的夹角不超过 10°，照明光束中任一光线与光轴的夹角不超过 5°。采用垂直照明和垂直探测的几何条件，表示为垂直/垂直（缩写为 0/0）。

（2）光谱反射比测定中，照明光束的光轴与试样表面法线的夹角不超过 10°，照明光束中任一光线与光轴的夹角不超过 5°。采用 t°角照明和 t°角探测的几何条件，表示为 t°/t°（缩写为 t/t）。

3.1.6 检测方法

1. 可见光透射比

可见光透射比用式（3.1-1）计算：

$$t_{v}=\frac{\int_{380}^{780} D_{\lambda} \cdot \tau(\lambda) \cdot V(\lambda) \cdot \mathrm{d}\lambda}{\int_{380}^{780} D_{\lambda} \cdot V(\lambda) \cdot \mathrm{d}\lambda} \approx \frac{\sum_{380}^{780} D_{\lambda} \cdot \tau(\lambda) \cdot V(\lambda) \cdot \Delta\lambda}{\sum_{380}^{780} D_{\lambda} \cdot V\lambda \cdot \Delta\lambda} \tag{3.1-1}$$

式中 t_{v}——试样的可见光透射比,%；

$\tau(\lambda)$——试样的可见光光谱透射比,%；

D_{λ}——标准照明体 D_{65} 的相对光谱功率分布，见表 3.1-1；

$V(\lambda)$——明视角光谱光视效率；

$\Delta\lambda$——波长间隔，此处为 10nm。

（1）单片玻璃或单层玻璃构件

$\tau(\lambda)$ 是实测可见光光谱透射比。

（2）双层窗玻璃构件

$\tau(\lambda)$ 用式（3.1-2）计算：

$$\tau(\lambda)=\frac{\tau_1(\lambda)\cdot\tau_2(\lambda)}{1-\rho_1'(\lambda)\rho_2(\lambda)} \tag{3.1-2}$$

式中 $\tau(\lambda)$ ——双层窗玻璃构件的可见光光谱透射比,%；

$\tau_1(\lambda)$ ——第一片（室外侧）玻璃的可见光光谱透射比,%；

$\tau_2(\lambda)$ ——第二片（室内侧）玻璃的可见光光谱透射比,%；

$\rho_1'(\lambda)$ ——第一片玻璃，在光由室内侧射向室外侧条件下，所测定的可见光光谱透射比,%；

$\rho_2(\lambda)$ ——第二片玻璃，在光由室外侧射向室内侧条件下，所测定的可见光光谱透射比,%。

标准照明体 D_{65} 的相对光谱功率分布 D_λ 与明视觉光谱光视效率 $V(\lambda)$ 和波长间隔 $\Delta\lambda$ 相乘

表 3.1-1

λ（nm）	$D_\lambda V(\lambda)\Delta\lambda$	λ（nm）	$D_\lambda V(\lambda)\Delta\lambda$	λ（nm）	$D_\lambda V(\lambda)\Delta\lambda$	λ（nm）	$D_\lambda V(\lambda)\Delta\lambda$
380	00000	490	21336	600	53542	720	00146
390	00005	500	33491	610	48491	730	00035
400	00030	510	61393	620	31502	740	00021
410	00103	520	70523	630	20812	750	00008
420	00352	530	87990	640	13810	760	00001
430	00948	540	94427	650	08070	770	00000
440	02274	550	98077	670	04612	780	00000
450	04192	560	94306	680	02485		
460	06663	570	86891	690	01255		
470	09850	580	78994	700	00536		
480	15189	590	83306	710	00276		

注：$\sum_{380}^{780} D_\lambda V(\lambda)\Delta\lambda=100$。

（3）三层窗玻璃构件

$\tau(\lambda)$ 用式（3.1-3）计算：

$$\tau(\lambda)=\frac{\tau_1(\lambda)\cdot\tau_2(\lambda)\cdot\tau_3(\lambda)}{[1-\rho_1(\lambda)\cdot\rho_2(\lambda)][1-\rho_2'(\lambda)\cdot\rho_3(\lambda)]-\tau_2^2(\lambda)\cdot\rho_1'(\lambda)\cdot\rho_3(\lambda)} \tag{3.1-3}$$

式中 $\tau(\lambda)$ ——三层窗玻璃构件的可见光光谱透射比,%；

τ_3（λ）——第三片（室内侧）玻璃的可见光光谱透射比，%；

$\rho_2'(\lambda)$ ——第二片（中间）玻璃，在光由室内侧射向室外侧条件下，所测定的可见光光谱反射比，%；

P_3（λ）——第三片（室内侧）玻璃，在光由室外侧射向室内侧条件下，所测定的可见光光谱反射比，%；

τ_1（λ）、τ_2（λ）、$\rho_1'(\lambda)$、ρ_2（λ）意义同式（3.1-2）。

2. 可见光反射比

可见光反射比，用式（3.1-4）计算：

$$\rho_v = \frac{\int_{380}^{780} D_\lambda \cdot \rho(\lambda) \cdot d\lambda}{\int_{380}^{780} D_\lambda \cdot V(\lambda) \cdot d\lambda} \approx \frac{\sum_{380}^{780} D_\lambda \cdot \rho(\lambda) \cdot V(\lambda) \cdot \Delta\lambda}{\sum_{380}^{780} D_\lambda \cdot V(\lambda) \cdot \Delta\lambda} \tag{3.1-4}$$

式中 ρ_v——试样的可见光反射比，%；

ρ（λ）——试样的可见光光谱反射比，%；

D_λ、V（λ）、$\Delta\lambda$ 意义同式（3.1-1）。

（1）单片玻璃或单层窗玻璃构件

ρ（λ）是实测可见光光谱反射比。

（2）双层窗玻璃构件

ρ（λ）用式（3.1-5）计算：

$$\rho(\lambda) = \rho_1(\lambda) + \frac{\tau_1^2(\lambda) \cdot \rho_2(\lambda)}{1 - \rho_1(\lambda) \cdot \rho_2(\lambda)} \tag{3.1-5}$$

式中 ρ（λ）——双层窗玻璃构件的可见光光谱反射比，%；

ρ_1（λ）——第一片（室外侧）玻璃，在光由室外侧射向室内侧条件下，所测定的可见光光谱反射比，%；

τ_1（λ）、ρ_1（λ）、ρ_2（λ）意义同式（3.1-2）。

（3）三层窗玻璃构件

ρ（λ）用式（3.1-6）计算：

$$\rho(\lambda) = \rho_1(\lambda) + \frac{\tau_1^2(\lambda) \cdot \rho_2(\lambda) \cdot [1 - \rho_2'(\lambda) \cdot \rho_3(\lambda)] + \tau_1^2(\lambda) \cdot \tau_2^2(\lambda) \cdot \rho_3(\lambda)}{[1 - \rho_1'(\lambda) \cdot \rho_2(\lambda)] \cdot [1 - \rho_2'(\lambda) \cdot \rho_3(\lambda)] - \tau_2^2(\lambda)\rho_1'(\lambda)\rho_3(\lambda)} \tag{3.1-6}$$

式中 ρ（λ）——三层窗玻璃构件的可见光光谱反射比，%；

$\tau_1(\lambda)$、$\tau_2(\lambda)$、$\rho_1'(\lambda)$、$\rho_2(\lambda)$、$\rho_2'(\lambda)$、$\rho_3(\lambda)$意义同式(3.1-2)或式(3.1-3)。

3. 入射太阳光的分布

太阳光是指近紫外线、可见光和近红外线组成的辐射光，波长范围为300～2500nm。

太阳辐射光照射到窗玻璃上，入射部分为 ϕ_e，ϕ_e 又分成3部分：

投射部分——$\tau_e\phi_e$；

反射部分——$\rho_e\phi_e$；

吸收部分——$\alpha_e\phi_e$。

三者关系如下：$\tau_e + \rho_e + \alpha_e = 1$ （3.1-7）

式中 τ_e——太阳光直接透射比；

ρ_e——太阳光直接反射比；

α_e——太阳光直接吸收比。

窗玻璃吸收部分 $\alpha_e\phi_e$ 以热对流方式通过窗玻璃向室外侧传递部分为 $q_0\phi_e$，向室内侧传递部分为 $q_1\phi_e$。其中：

$$\alpha_e = q_0 + q_i \tag{3.1-8}$$

式中 q_0——窗玻璃向室外侧的二次热传递系数，%；

q_i——窗玻璃向室内侧的二次热传递系数，%。

4. 太阳光直接透射比

太阳光直接透射比用式（3.1-9）计算：

$$\tau_e = \frac{\int_{300}^{2500} S_\lambda \cdot \tau(\lambda) \cdot d\lambda}{\int_{300}^{2500} S_\lambda \cdot d\lambda} \approx \frac{\sum_{350}^{1800} S_\lambda \cdot \tau(\lambda) \cdot \Delta_\lambda}{\sum_{350}^{1800} S_\lambda \cdot \Delta_\lambda} \tag{3.1-9}$$

式中 S_λ——太阳光辐射相对光谱分布见表3.1-2或表3.1-3；

$\Delta\lambda$——波长间隔，nm；

$\tau(\lambda)$——试样的太阳光光谱透射比，%，其测定和计算方法可见光透射比中 $\tau(\lambda)$，仅波长范围不同。

大气质量为1时，太阳光球辐射相对光谱分布 S_λ 和波长间隔 $\Delta\lambda$ 相乘（CIE 1972年公布）

表3.1-2

λ（nm）	$S_\lambda\Delta\lambda$	λ（nm）	$S_\lambda\Delta\lambda$	λ（nm）	$S_\lambda\Delta\lambda$
350	0.026	580	0.054	900	0.139
380	0.032	620	0.055	1100	0.097
420	0.050	660	0.049	1300	0.058
460	0.065	700	0.046	1500	0.039
500	0.063	740	0.041	1700	0.026
540	0.058	780	0.037	1800	0.022

注：$\sum_{350}^{1800} S_\lambda \cdot \Delta\lambda = 0.954$。

大气质量为 2 时，太阳光直接辐射相对光谱分布 S_λ 乘以波长间隔 $\Delta\lambda$　　表 3.1-3

λ（nm）	$S_\lambda\Delta\lambda$	λ（nm）	$S_\lambda\Delta\lambda$	λ（nm）	$S_\lambda\Delta\lambda$
350	0.0128	850	0.0564	1350	0.0026
400	0.0353	900	0.0303	1400	0.0001
450	0.0665	950	0.0291	1450	0.0016
500	0.0813	1000	0.0426	1500	0.0103
550	0.0802	1050	0.0377	1550	0.0148
600	0.0788	1100	0.0199	1600	0.0136
650	0.0791	1150	0.0145	1650	0.0118
700	0.0694	1200	0.0256	1700	0.0089
750	0.0595	1250	0.0247	1750	0.0051
800	0.0566	1300	0.0185	1800	0.0003

注：$\sum_{350}^{1800} s_\lambda \cdot \Delta\lambda = 0.9756$。

5. 太阳光直接反射比

太阳光直接反射比用式（3.1-10）计算：

$$\rho_e = \frac{\int_{300}^{2500} S_\lambda \cdot \rho(\lambda) \cdot d\lambda}{\int_{300}^{2500} S_\lambda \cdot d\lambda} \approx \frac{\sum_{350}^{1800} S_\lambda \cdot \rho(\lambda) \cdot \Delta\lambda}{\sum_{350}^{1800} S_\lambda \cdot \Delta\lambda} \tag{3.1-10}$$

式中　ρ_e——试样的太阳光直接反射比，%；

$\rho(\lambda)$——试样的太阳光光谱反射比（其测定和计算方法见第 2 条可见光反射比中 $\rho(\lambda)$，仅波长范围不同），%；

S_λ、$\Delta\lambda$——同式（3.1-9）。

6. 太阳光直接吸收比

（1）单片玻璃或单层窗玻璃构件

单片玻璃或单层窗玻璃构件的太阳光直接吸收比，必须首先测定出它们的太阳光直接透射比和太阳光直接反射比，然后用式（3.1-7）计算。

（2）双层窗玻璃构件第一、第二片玻璃的太阳光直接吸收比双层窗玻璃构件第一片玻璃的太阳光直接吸收比用式（3.1-11）、式（3.1-12）、式（3.1-13）、式（3.1-14）计算，第二片玻璃的太阳光直接吸收比用式（3.1-11）、式（3.1-15）、式（3.1-16）计算。

$$a_{e_{1(2)}} = \frac{\int_{300}^{2500} S_\lambda \cdot a_{i2(1\dot{2})}(\lambda) \cdot d\lambda}{\int_{300}^{2500} S_\lambda \cdot d\lambda} \approx \frac{\sum_{350}^{1800} S_\lambda \cdot a_{i2(1\dot{2})}(\lambda) \cdot \Delta\lambda}{\sum_{350}^{1800} S_\lambda \cdot \Delta\lambda} \tag{3.1-11}$$

$$a_{i2}(\lambda) = a_1(\lambda) + \frac{a_1'(\lambda)\tau_1(\lambda)\rho_2(\lambda)}{1-\rho_1'(\lambda)\rho_2(\lambda)} \tag{3.1-12}$$

$$a_1(\lambda) = 1 - \tau_1(\lambda) - \rho_1(\lambda) \tag{3.1-13}$$

$$a_1'(\lambda) = 1 - \tau_1(\lambda) - \rho_1'(\lambda) \tag{3.1-14}$$

$$a_{1\dot{2}}(\lambda) = \frac{a_2(\lambda) \cdot \tau_1(\lambda)}{1-\rho_1'(\lambda) \cdot \rho_2(\lambda)} \tag{3.1-15}$$

$$a_2(\lambda) = 1 - \tau_2(\lambda) - \rho_2(\lambda) \tag{3.1-16}$$

式中　$a_{e_{1(2)}}$——双层窗玻璃构件第一或第二片玻璃的太阳光直接吸收比,%；

$a_{i2}(\lambda)$——双层窗玻璃构件第一片玻璃的太阳光光谱吸收比,%；

$a_{1\dot{2}}(\lambda)$——双层窗玻璃构件第二片玻璃的太阳光光谱吸收比,%；

$a_1(\lambda)$——第一片玻璃，在光由室外侧射向室内侧条件下，测定的太阳光光谱吸收比,%；

$a_1'(\lambda)$——第一片玻璃，在光由室内侧射向室外侧条件下，测定的太阳光光谱吸收比,%；

$a_2(\lambda)$——第二片玻璃，在光由室外侧射向室内侧条件下，测定的太阳光光谱吸收比,%；

$\tau_1(\lambda)$——第一片玻璃的太阳光光谱透射比,%；

$\rho_1(\lambda)$——第一片玻璃，在光由室外侧射向室内侧条件下，测定的太阳光光谱反射比,%；

$\tau_2(\lambda)$——第二片玻璃的太阳光光谱透射比,%；

$\rho_1'(\lambda)$——第一片玻璃，在光由室内侧射向室内外侧条件下，测定的太阳光光谱反射比,%；

$\rho_2(\lambda)$——第二片玻璃，在光由室外侧射向室内侧条件下，测定的太阳光光谱反射比,%；

S_λ、$\Delta\lambda$——同式（3.1-9）。

（3）三层窗玻璃构件第一、第二、第三片玻璃的太阳光直接吸收比

三层窗玻璃构件第一片玻璃的太阳光直接吸收比用式（3.1-17）、式（3.1-18）计算；第二片玻璃的太阳光直接吸收比用式（3.1-17）、式（3.1-19）、式（3.1-20）计算；第三片玻璃的太阳光直接吸收比用式（3.1-17）、式（3.1-21）、式（3.1-22）计算；

$$a_{1(2,3)} = \frac{\int_{300}^{2500} S_\lambda \cdot a_{i23(1\dot{2}31\dot{2}3)}(\lambda) \cdot d\lambda}{\int_{300}^{2500} S_\lambda \cdot d\lambda}$$

$$\approx \frac{\sum_{350}^{1800} S_\lambda \cdot a_{\dot{1}23(1\dot{2}312\dot{3})}(\lambda) \cdot \Delta\lambda}{\sum_{350}^{1800} S_\lambda \cdot \Delta\lambda} \tag{3.1-17}$$

$$a_{\dot{1}23}(\lambda) = a_1(\lambda) + \frac{\tau_1(\lambda)a_1'(\lambda)\rho_2(\lambda)[1-\rho_2'(\lambda)\rho_3(\lambda)] + \tau_1(\lambda)\tau_2^2(\lambda)a_1'(\lambda)\rho_3(\lambda)}{[1-\rho_1'(\lambda)\rho_2(\lambda)]\cdot[1-\rho_2'(\lambda)\rho_3(\lambda)] - \tau_2^2(\lambda)\cdot\rho_1'(\lambda)\rho_3(\lambda)} \tag{3.1-18}$$

$$a_{1\dot{2}3}(\lambda) = \frac{\tau_1(\lambda)a_2(\lambda)[1-\rho_2'(\lambda)\rho_3(\lambda)] + \tau_1(\lambda)\tau_2(\lambda)a_2'(\lambda)\rho_3(\lambda)}{[1-\rho_1'(\lambda)\rho_2(\lambda)]\cdot[1-\rho_2'(\lambda)\rho_3(\lambda)] - \tau_2^2(\lambda)\rho_1'(\lambda)\rho_3(\lambda)} \tag{3.1-19}$$

$$a_2'(\lambda) = 1 - \tau_2(\lambda) - \rho_2'(\lambda) \tag{3.1-20}$$

$$a_{12\dot{3}}(\lambda) = \frac{\tau_1(\lambda)\tau_2(\lambda)a_3(\lambda)}{[1-\rho_1'(\lambda)\rho_2(\lambda)]\cdot[1-\rho_2'(\lambda)\rho_3(\lambda)] - \tau_2^2(\lambda)\rho_1'(\lambda)\rho_3(\lambda)} \tag{3.1-21}$$

$$a_3(\lambda) = 1 - \tau_3(\lambda) - \rho_3(\lambda) \tag{3.1-22}$$

式中 $a_{1(23)}$——三层窗玻璃构件，第一（第二、第三）片玻璃的太阳光直接吸收比,%；

$a_{\dot{1}23}(\lambda)$、$a_{1\dot{2}3}(\lambda)$、$a_{12\dot{3}}(\lambda)$——三层窗玻璃构件，第一、第二、第三片玻璃的太阳光光谱吸收比,%；

$a_2'(\lambda)$——三层窗玻璃第二片玻璃，在光由室内侧射向室外侧条件下，测定的太阳光光谱吸收比,%；

$a_3(\lambda)$——三层窗玻璃构件，第三片玻璃，在光由室外侧射向室内侧条件下，测定的太阳光光谱吸收比,%；

$\tau_3(\lambda)$——三层窗玻璃构件，第三片玻璃的太阳光光谱透射比,%；

$\rho_2'(\lambda)$——第二片玻璃，在光由室内侧射向室外侧条件下，测定的太阳光光谱反射比,%；

$\rho_3(\lambda)$——第三片玻璃，在光由室外侧射向室内侧条件下，测定的太阳光光谱反射比,%；

$\tau_1(\lambda)$、$\tau_2(\lambda)$、$\rho_1(\lambda)$、$\rho_2(\lambda)$、$\rho_3(\lambda)$、$a_1(\lambda)a'_1(\lambda)$、$a_2(\lambda)$、$S_\lambda$、$\Delta\lambda$ 同本小节6.（2）。

7. 半球辐射率

半球辐射率等于垂直辐射率乘以下面相应玻璃表面的系数：

未涂膜的平板玻璃表面，0.94；

涂金属氧化物膜的玻璃表面，0.94；

涂金属膜或含有金属膜的多层涂膜的玻璃表面，1.0。

常见玻璃的半球辐射率见表3.1-4。

垂直辐射率：

对于垂直入射的热辐射，其热辐射吸收率 a_h 定为垂直辐射率，按式（3.1-23）、式（3.1-24）计算：

$$a_h = 1 - \tau_h - \rho_h \approx 1 - \rho_h \tag{3.1-23}$$

半球辐射率 ε_i　　表 3.1-4

玻璃品种	半球辐射率 ε_i	
	可见光透视比≤15%	可见光透视比＞15%
普通透明玻璃		0.83
真空磁控阴极	0.45	0.70
溅射镀膜玻璃	0.45	0.70
离子镀膜玻璃	0.45	0.70
电浮法玻璃		0.83

$$\rho_h \approx \sum_{4.5}^{25} G_\lambda \cdot \rho_{(\lambda)} \qquad (3.1\text{-}24)$$

式中　a_h——试样的热辐射吸收率，即垂直辐射率，%；

ρ_h——试样的热辐射反射率，%；

$\rho_{(\lambda)}$——试样实测热辐射光谱反射率，%；

G_λ——绝对温度 293K 下，热辐射相对光谱分布，见表 3.1-5。

293K 热辐射相对光谱分布 G_λ　　表 3.1-5

波长（μm）	G_λ	波长（μm）	G_λ
4.5	0.0053	15.0	0.0281
5.0	0.0094	15.5	0.0266
5.5	0.0143	16.0	0.0252
6.0	0.0194	16.5	0.0238
6.5	0.0244	17.0	0.0225
7.0	0.0290	17.5	0.0212
7.5	0.0328	18.0	0.0200
8.0	0.0358	18.5	0.0189
8.5	0.0379	19.0	0.0179
9.0	0.0393	19.5	0.0168
9.5	0.0401	20.0	0.0159
10.0	0.0402	20.5	0.0150
10.5	0.0399	21.0	0.0142
11.0	0.0392	21.5	0.0134
11.5	0.0382	22.0	0.0126
12.0	0.0370	22.5	0.0119
12.5	0.0356	23.0	0.0113
13.0	0.0342	23.5	0.0107
13.5	0.0327	24.0	0.0101
14.0	0.0311	24.5	0.0096
14.5	0.0296	25.0	0.0091

8. 太阳能总透射比

太阳能总透射比用式（3.1-25）计算：

$$g = \tau_e + q_i \tag{3.1-25}$$

式中 g——试样的太阳能总透射比，%；

τ_e——试样的太阳光直接透射比，%；

q_i——试样向室内侧的二次热传递系数，%。

（1）单片玻璃或单层窗玻璃构件

τ_e 为单片玻璃或单层窗玻璃构件的太阳光直接透射比，其 q_i 用式（3.1-26）、式（3.1-27）计算：

$$q_i = \alpha_e \times \frac{h_i}{h_i + h_e} \tag{3.1-26}$$

$$h_i = 3.6 + \frac{4.4\varepsilon_i}{0.83} \tag{3.1-27}$$

式中 q_i——单片玻璃或单层窗玻璃构件向室内侧的二次热传递系数，%；

h_i——试样构件内侧表面的热传递系数，W/（$m^2 \cdot K$）；

h_e——试样构件外侧表面的热传递系数，$h_e = 23$W/（$m^2 \cdot K$）；

α_e——同本小节 6.（1）；

ε_i——半球辐射率，同本小节 7. 参照表 3.1-4。

（2）双层窗玻璃构件

τ_e 为双层窗玻璃构件的太阳光直接透射比，其 q_i 可以用式（3.1-28）计算：

$$q_i = \frac{\dfrac{\alpha_{e_1} + \alpha_{e_2}}{h_e} + \dfrac{\alpha_{e_2}}{G}}{\dfrac{1}{h_i} + \dfrac{1}{h_e} + \dfrac{1}{G}} \tag{3.1-28}$$

式中 q_i——双层窗玻璃构件，向室内侧的二次热传递系数，%；

G——双层窗两片玻璃之间的热导，W/（$m^2 \cdot K$）；

α_{e_1}、α_{e_2}——同 6.（2）。

h_i、h_e——同式（3.1-11）、式（3.1-12）取值。

（3）三层窗玻璃构件

τ_e 为三层窗玻璃构件的太阳光直接透射比，其 q_i 可以用式（3.1-29）计算：

$$q_i = \frac{\dfrac{\alpha_{e_3}}{G_{23}} + \dfrac{\alpha_{e_3} + \alpha_{e_2}}{G_{12}} + \dfrac{\alpha_{e_1} + \alpha_{e_2} + \alpha_{e_3}}{h_e}}{\dfrac{1}{h_i} + \dfrac{1}{h_e} + \dfrac{1}{G_{12}} + \dfrac{1}{G_{23}}} \tag{3.1-29}$$

式中 q_i——三层窗玻璃构件，向室内侧的二次热传递系数，%；

G_{12}——三层窗第一、二片玻璃之间的热导，W/（$m^2 \cdot K$）；

G_{23}——三层窗第二、三片玻璃之间的热导，W/（$m^2 \cdot K$）；

α_{e_1}、α_{e_2}、α_{e_3}——同本小节 6.（3）；

h_i、h_e——同式（3.1-11）、式（3.1-12）取值。

9. 遮蔽系数

各种窗玻璃构件对太阳辐射遮蔽热的系数用公式（3.1-30）计算：

$$S_e = \frac{g}{\tau_s} \tag{3.1-30}$$

式中 S_e——试样的遮蔽系数；

g——试样的太阳能总透射比，%；

τ_s——3mm 厚的普通透明平板玻璃的太阳能总透射比，其理论值取 88.9%。

3.2 中空玻璃

3.2.1 适用范围

中空玻璃露点的检测。

3.2.2 试验标准

（1）《中空玻璃》GB/T 11944—2012。

（2）《建筑节能工程施工质量验收规范》GB 50411—2007。

3.2.3 检验批

相同材料、在同一工艺条件下生产的中空玻璃 500 块为一批。同一厂家、同一品种、同一类型的产品抽查不少于 3 件。

3.2.4 检测设备

露点仪：测量面为铜质材料，ϕ（50 ± 1mm）、厚度 0.5mm；温度测量范围可以达到 -60℃，精度≤1℃。

3.2.5 检测方法

（1）试样为与制品相同材料、在同一工艺条件下制作的玻璃样品，尺寸为 510mm × 360mm，数量为 15 块。

（2）试验在 23 ± 2℃，相对湿度 30% ~75% 的环境中进行。试验前全部试样在该环境中放置至少 24h。

（3）向露点仪内注入深约 25mm 的乙醇或丙酮，再加入干冰，使温度降低到等于或低于 -60℃ 开始露点测试，并在试验中保持该温度。

（4）将试样水平放置，在上表面涂一层乙醇或丙酮，使露点仪与该表面紧密接触，接触时间按表 3.2-1 规定。

（5）移开露点仪，立刻观察玻璃试样的内表面有无结露或结霜。如无结露或结霜，露点温度记为 -60℃。如结露或结霜，将试件放置到完全无结露或结霜后，提高露点仪温度继续测量，每次提高 5℃，直至测量到 -40℃，记录试样最高的结露温度，该温度为试样的露点温度。

接触时间　　表3.2-1

原片玻璃厚度（mm）	接触时间（min）	原片玻璃厚度（mm）	接触时间（min）
≤4	3	8	7
5	4	≥10	10
6	5		

（6）对两腔中空玻璃露点测试应分别测试中空玻璃的两个表面。

3.2.6　结果评定

中空玻璃的露点应小于-40℃。

3.2.7　注意事项

（1）数显温度计使用完毕后应关闭开关，以节省电池。

（2）数显温度计由两节电池供电，拧开温度计的螺丝可更换电池。

（3）干冰一次加入量不要过多，以避免乙醇或丙酮外溢。

（4）仪器应轻拿轻放以避免接触面和玻璃管的损伤。

（5）检测完毕后，将乙醇或丙醇倒出，擦干仪器表面，放置安全处。

3.3　建筑门窗

3.3.1　适用范围

建筑门窗传热系数检测。

3.3.2　试验标准

（1）《建筑外门窗保温性能分级及检测方法》GB/T 8484—2008。

（2）《建筑节能工程施工质量验收规范》GB 50411—2007。

3.3.3　检验批

同一厂家同一品种同一类型的产品不少于3樘。

3.3.4　检测设备

建筑外门窗保温性能检测设备。

3.3.5　传热系数检测原理

它是基于一维稳态传热原理，模拟冬期外窗构件的传热状况，将外窗构件置于两个不同温场的箱体之间，热箱模拟室内空气温场、辐射条件；冷箱模拟室外空气温场、风速、辐射条件。经过若干小时的运行，整个装置均达到稳定状态，形成稳定温度场、速度场后测量试件两侧的空气温度、热室外壁及试件框的热损、试件计量面积、试件玻璃热表面、试件框热表面温度以及输入热箱的电加热器功率等主参数后，就可以计算出外窗试件的传热系数。

3.3.6 检验方法

1. 试件安装

（1）被检试件为一件。试件的尺寸及构造应符合产品设计和组装要求，不得附加任何多余配件或特殊组装工艺。

（2）试件安装位置：外表面应位于距试件框冷侧表面 50mm 处。

（3）试件与试件洞口周边之间的缝隙宜用聚苯乙烯泡沫塑料条填塞，并密封。

（4）试件开启缝应采用透明塑料胶带双面密封。

（5）当试件面积小于试件洞口面积时，应用与试件厚度相近，已知热导率的聚苯乙烯泡沫塑料板填堵。在聚苯乙烯泡沫塑料板两侧表面粘贴适量的铜－康铜热电偶，测量两表面的平均温差，计算通过该板的热损失。

（6）当进行传热系数检测时，宜在试件热侧表面适当部位布置热电偶，作为参考温度点。

2. 检测条件

（1）热箱空气平均温度设定范围为 19～21℃，温度波动幅度不应大于 0.2K。

（2）热箱内空气为自然对流。

（3）冷箱空气平均温度设定范围为 －19～－21℃，温度波动幅度不应大于 0.3K。

（4）与试件冷侧表面距离符合《绝热稳态传热性质的测定　标定和防护热箱法》GB/T 13475 规定平面内的平均风速为 3.0m/s ±0.2m/s。

3. 检测程序

（1）检查热电偶是否完好。

（2）启动检测装置，设定冷、热箱和环境空气温度。

（3）当冷、热箱和环境空气温度达到设定值后，监控各控温点温度，使冷、热箱和环境空气温度维持稳定。达到稳定状态后，如果逐时测量得到热箱和冷箱的空气平均温度每小时变化的绝对值分别不大于 0.1℃和 0.3℃温差每小时变化的绝对值分别不大于 0.1K 和 0.3K，且上述温度和温差的变化不是单向变化，则表示传热过程已达到稳定过程。

（4）传热过程稳定之后，每隔 30min 测量一次参数，共测 6 次。

（5）测量结束之后，记录热箱内空气相对湿度，试件热侧表面及玻璃夹层结露或结霜状况。

4. 保温性能检测设备软件操作流程图

（1）标定试验流程图，见图 3.3-1。

（2）测试试验流程图，见图 3.3-2。

5. 检测数据的处理

（1）窗户传热系数 K 计算公式如式（3.3-1）：

$$K=\frac{Q-M_1\times\Delta\theta_1-M_2\times\Delta\theta_2-S\times\Lambda\times\Delta\theta_3}{A\times\Delta t}\tag{3.3-1}$$

式中　Q——电暖气加热功率，W；

M_1——由标定试验确定的热箱外壁热流系数，W/K；

M_2——由标定试验确定的试件框热流系数，W/K；

$\Delta\theta_1$——热箱外壁内、外表面面积加权平均温度之差，K；

$\Delta\theta_2$——热箱外壁内、外表面面积加权平均温度之差，K；

S——填充板的面积，m^2；

Λ——填充板的热导率，W/（$m^2 \cdot K$）；

$\Delta\theta_3$——填充板两表面的平均温差，K；

A——试件面积，m^2；按试件外缘尺寸计算，如试件为采光罩，其面积按采光罩水平投影面积计算；

Δt——热箱空气平均温度 t_h 与冷箱空气平均温度 t_c 之差，K。

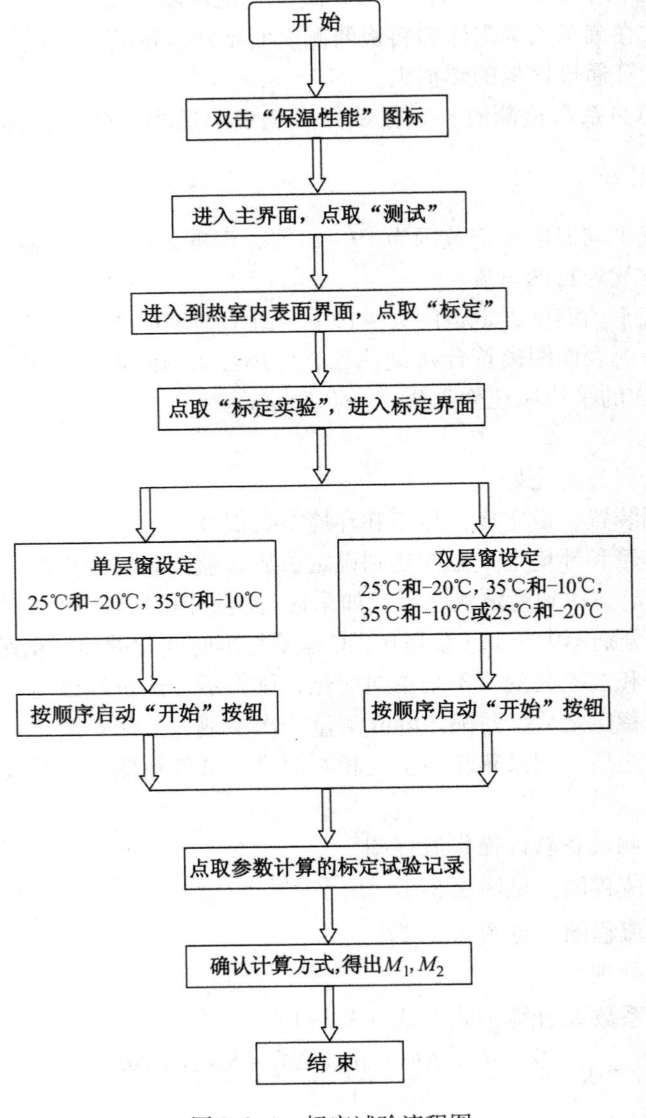

图 3.3-1　标定试验流程图

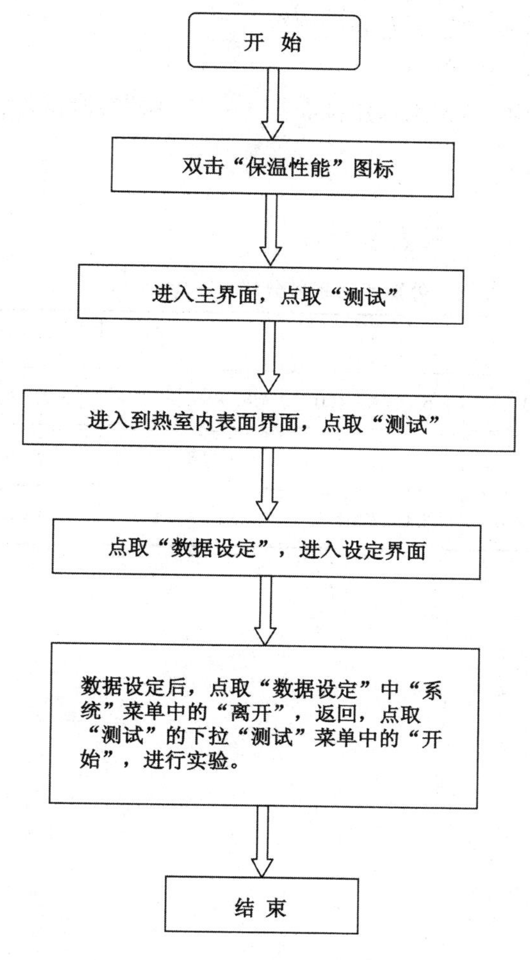

图 3.3-2　测试试验流程图

（2）按照《建筑外门窗保温性能分级及检测方法》GB/T 8484—2008 确定测试外门窗的保温性能等级。

6. 设备调试维护

（1）安装试件：将被试件放置在试件框洞口处，打胶密封。如果试件比洞口小，用聚苯板填充不足部分。在填充物两对应表面粘贴传感器。

（2）将电暖气安放在靠洞口处，将空间温度传感器测点水平放置，关闭保温门及照明灯。

（3）先将控制柜上钥匙开关打开，再将计算机打开进入到“数据设定”界面，首先进行“数据设定”将要填充的内容填入到表格中，填好后用“系统”菜单中的“离开”退出。

（4）将“系统”菜单打开，点击“测试”中的“开始”就自动进行试验状态。

（5）试验过程中，可以打开“系统”菜单中的“手动”设定试验的时间，设定后点击一下“给定时间保存”，试验就会按照所设定的新时间进行。

(6) 试验过程中，不可打开保温门。

1) 实验结束后，打印测试结果及测试报告。

2) 关闭计算机和控制柜的电源。

3) 打开保温门，冷箱的结露水珠用抹布擦干；清理掉被测试件，准备下一次试验。

3.3.7 结果评定

外门、外窗传热系数分级，见表3.3-1。

外门、外窗传热系数分级 [W/(m² · K)]　　表3.3-1

分　级	1	2	3	4	5
分级指标值	$K \geqslant 5.0$	$5.0 > K \geqslant 4.0$	$4.0 > K \geqslant 3.5$	$3.5 > K \geqslant 3.0$	$3.0 > K \geqslant 2.5$
分　级	6	7	8	9	10
分级指标值	$2.5 > K \geqslant 2.0$	$2.0 > K \geqslant 1.6$	$1.6 > K \geqslant 1.3$	$1.3 > K \geqslant 1.1$	$K < 1.1$

第 4 章　建筑墙体保温系统

4.1　建筑外墙外保温系统

4.1.1　适用范围

适应于对新建居住建筑的混凝土和砌体结构外墙外保温工程的抗冲击性能、吸水量、抗风荷载性能、耐候性等检测。

4.1.2　试验标准

《外墙外保温工程技术规程》JGJ 144—2004。

4.1.3　外墙外保温系统构造

1. EPS 板薄抹灰外墙外保温系统

EPS 板薄抹灰外墙外保温系统由 EPS 板保温层、薄抹面层和饰面涂层构成，EPS 板用胶粘剂固定在基层上，薄抹面层中满铺玻纤网。

2. 胶粉 EPS 颗粒保温浆料外墙外保温系统

胶粉 EPS 颗粒保温浆料外墙外保温系统应由界面层、胶粉 EPS 颗粒保温浆料保温层、抗裂砂浆薄抹面层和饰面层组成。胶粉 EPS 颗粒保温浆料经现场拌合后喷涂或抹在基层上形成保温层。薄抹面层中应满铺玻纤网。

3. EPS 板现浇混凝土外墙外保温系统

EPS 板现浇混凝土外墙外保温系统以现浇混凝土外墙作为基层，EPS 板为保温层。EPS 板内表面（与现浇混凝土接触的表面）沿水平方向开有矩形齿槽，内、外表面均满涂界面砂浆。在施工时将 EPS 板置于外模板内侧，并安装螺栓作为辅助固定件。浇灌混凝土后，墙体与 EPS 板以及螺栓结合为一体，EPS 板表面抹抗裂砂浆薄抹面层，外表以涂料为饰面层，薄抹面层中满铺玻纤网。

4. EPS 钢丝网架板现浇混凝土外墙外保温系统

EPS 钢丝网架板现浇混凝土外墙外保温系统以现浇混凝土为基层，EPS 单面钢丝网架板置于外墙外模板内侧，并安装 $\phi 6$ 钢筋作为辅助固定件。浇灌混凝土后，EPS 单面钢丝网架板挑头钢丝和 $\phi 6$ 钢筋与混凝土结合为一体，EPS 单面钢丝网架板表面抹掺外加剂的水泥砂浆形成厚抹面层，外表做饰面层。以涂料做饰面层时，应加抹玻纤网抗裂砂浆薄抹面层。

5. 机械固定 EPS 钢丝网架板外墙外保温系统

机械固定 EPS 钢丝网架板外墙外保温系统由机械固定装置、腹丝非穿透型 EPS 钢丝网架板、掺外加剂的水泥砂浆厚抹面层和饰面层构成。以涂料做饰面层时，应加抹玻纤网抗裂砂浆薄抹面层。

4.1.4 检测条件

（1）外保温系统试样应按照生产厂家说明书规定的系统构造和加工方法进行制备。材料试样应按产品说明书规定进行配制。

（2）试样养护和状态调节环境条件应为：温度10～25℃，相对湿度不应低于50%。

（3）试样养护时间应为28d。

4.1.5 检测设备

（1）外墙外保温系统抗冲击性能装置。

（2）500g钢球和1000g钢球。

（3）钢板尺：测量范围0～1.02m，分度值10mm。

（4）外墙外保温系统抗风压性能检测装置。

（5）电子天平：称量范围2000g，精度2g。

（6）钢直尺的分度值应为1mm。

（7）外墙外保温系统耐候性检测装置。

4.1.6 检测方法

1. 抗冲击性能

（1）试样由保温层和保护层构成。

试样尺寸不应小于1200mm×600mm，保温层厚度不应小于50mm，玻纤网不得有搭接缝。试样分为单层网试样和双层网试样。单层网试样抹面层中应铺一层玻纤网，双层网试样抹面层中应铺一层玻纤网和一层加强网。

试样数量：

单层网试样：2件，每件分别用于3J级和10J级冲击试验。

双层网试样：2件，每件分别用于3J级和10J级冲击试验。

（2）试验可采用摆动冲击或竖直自由落体冲击方法。

摆动冲击方法可直接冲击经过耐候性试验的试验墙体。

竖直自由落体冲击方法按下列步骤进行试验：

1）将试样保护层向上平放于光滑的刚性底板上，使试样紧贴底板。

2）试验分为3J和10J两级，每级试验冲击10个点。3J级冲击试验使用质量为500g的钢球，在距离试样上表面0.61m高度自由降落冲击试样。10J级冲击试验使用质量为1000g的钢球，在距离试样上表面1.02m高度自由降落冲击试样。冲击点应离开试样边缘至少100mm，冲击点间距不得小于100mm。以冲击点及其周围开裂作为破坏的判定标准。

（3）结果判定时，10J级试验10个冲击点中破坏点不超过4个时，判定为10J级。10J级试验10个冲击点中破坏点超过4个、3J级试验10个冲击点中破坏点不超过4个时，判定为3J级。

2. 吸水量

（1）试样制备应符合下列规定：

试样分为两种，一种由保温层和抹面层构成，另一种由保温层和保护层构成。

试样尺寸为200mm×200mm，保温层厚度为50mm，抹面层和饰面层厚度应符合受检外保温系统构造规定。每种试样数量各为3件。

试样周边涂密封材料密封。

（2）试验步骤应符合下列规定：

1）测量试样面积A。

2）称量试样初始重量m_0。

3）使试样抹面层或保护层朝下浸入水中并使表面完全湿润。分别浸泡1h和24h后取出，在1min内擦去表面水分，称量吸水后的重量m。

（3）系统吸水量应按下式进行计算：

$$M = \frac{m - m_0}{A} \tag{4.1-1}$$

式中 M——系统吸水量，kg/m^2；

m——试样吸水后的重量，kg；

m_0——试样初始重量，kg；

A——试样面积，m^2。

试验结果以3个试验数据的算术平均值表示。

3. 抗风荷载性能

（1）试样应由基层墙体和被测外保温系统组成，试样尺寸应不小于2.0m×2.5m。

基层墙体可为混凝土墙或砖墙。为了模拟空气渗漏，在基层墙体上每平方米应预留一个直径15mm的孔洞，并应位于保温板接缝处。

（2）试验设备是一个负压箱。负压箱应有足够的深度，以保证在外保温系统可能的变形范围内能使施加在系统上的压力保持恒定。试样安装在负压箱开口中并沿基层墙体周边进行固定和密封。

（3）试验步骤中的加压程序及压力脉冲图形见图4.1-1。

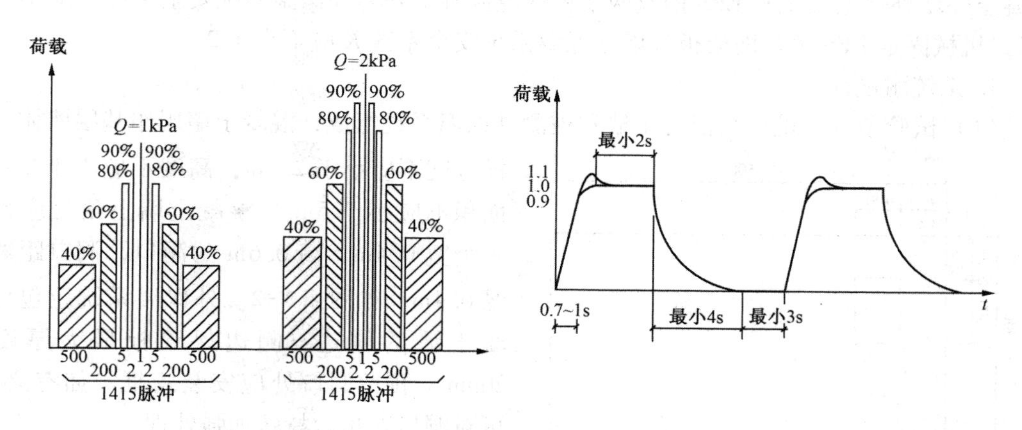

图4.1-1 加压步骤及压力脉冲图形

每级试验包含1415个负风压脉冲，加压图形以试验风荷载 Q 的百分数表示。试验以1kPa的级差由低向高逐级进行，直至试样破坏。

有下列现象之一时，可视为试样破坏：

1）保温板断裂；

2）保温板中或保温板与其保护层之间出现分层；

3）保护层本身脱开；

4）保温板被从固定件上拉出；

5）机械固定件从基底上拔出；

6）保温板从支撑结构上脱离。

（4）系统抗风压值 R_d 应按下式进行计算：

$$R_d = \frac{Q_1 C_s C_a}{K} \tag{4.1-2}$$

式中 R_d——系统抗风压值；kPa；

Q_1——试样破坏前一级的试验风荷载值，kPa；

K——安全系数；

C_a——几何因数，$C_a = 1$；

C_s——统计修正因数，保温板为粘接固定时的 C_s 值，见表4.1-1。

保温板为粘接固定时的 C_s 值 **表4.1-1**

粘接面积 B（%）	C_s	粘接面积 B（%）	C_s
$50 \leq B \leq 100$	1	$B \leq 10$	0.8
$10 < B < 50$	0.9		

系统抗风压值 R_d 不小于风荷载设计值。

EPS板薄抹灰外墙外保温系统、胶粉EPS颗粒保温浆料外墙外保温系统、EPS板现浇混凝土外墙外保温系统和EPS钢丝网架板现浇混凝土外墙外保温系统安全系数 K 应不小于1.5，机械固定EPS钢丝网架板外墙外保温系统安全系数 K 应不小于2。

4. 系统耐候性

（1）试验条件：试样由混凝土墙和被测外保温系统组成，混凝土墙用作基层墙体。试样宽度不应小于2.5m，高度不应小于2.0m，面积不应小于5m²。混凝土墙上角处应预留一个宽0.4m、高0.6m的洞口，洞口距离边缘0.4m，如图4.1-2。外保温系统应包住混凝土墙的侧边。侧边保温板最大厚度为20mm。预留洞口处应安装窗框。如有必要，可对洞口四角做特殊加强处理。

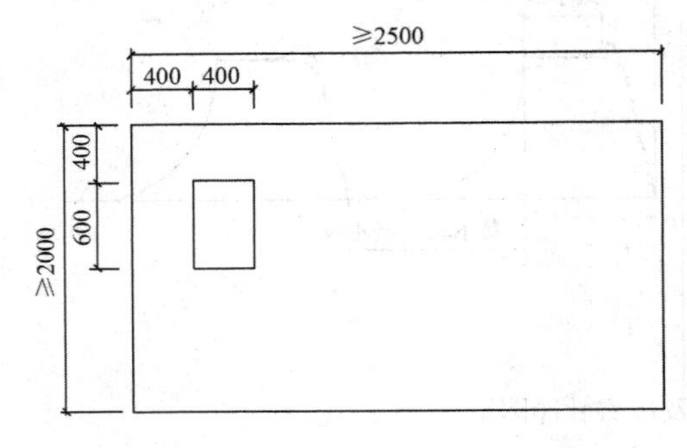

图4.1-2 系统耐候性试验条件

（2）EPS板薄抹灰系统和无网现浇系统试验步骤

1）高温—淋水循环 80 次，每次 6h：升温 3h，使试样表面升温至 70℃，并恒温在 70±5℃（其中升温时间为 1h）；淋水 1h，向试样表面淋水，水温为 15±5℃，水量为 1.0～1.5L/（m^2·min）；静置 2h。

2）状态调节至少 48h。

3）加热—冷冻循环 5 次，每次 24h：升温 8h，使试样表面升温至 50℃，并恒温在 50±5℃（其中升温时间为 1h）；降温 16h，使试样表面降温至 −20℃，并恒温在 −20±5℃（其中降温时间为 2h）。

（3）保温浆料系统、有网现浇系统和机械固定系统试验步骤

1）高温—淋水循环 80 次，每次 6h：升温 3h，使试样表面升温至 70℃，并恒温在 70±5℃，恒温时间不应小于 1h；淋水 1h，向试样表面淋水，水温为 15±5℃，水量为1.0～1.5L/（m^2·min）；静置 2h。

2）状态调节至少 48h。

3）加热—冷冻循环 5 次，每次 24h：升温 8h，使试样表面升温至 50℃，并恒温在 50±5℃，恒温时间不应小于 5h；降温 16h，使试样表面降温至 −20℃，并恒温在 −20±5℃，恒温时间不应小于 12h。

（4）观察、记录和检验时，应符合下列规定

1）每 4 次高温—淋水循环和每次加热—冷冻循环后观察试样是否出现裂缝、空鼓、脱落等情况并做记录。

2）试验结束后，状态调节 7d，检验抹面层与保温层的拉伸粘结强度，断缝应切割至保温层表面。并检验系统的抗冲击性。

（5）试验结果：经耐候性试验后，不得出现饰面层起泡或剥落、保护层空鼓或脱落等破坏，不得产生渗水裂缝。具有薄抹面层的外保温系统，抹面层与保温层的拉伸粘结强度不得小于 0.1MPa，并且破坏部位应位于保温层内。

4.1.7 结果评定

检验项目与性能要求，见表 4.1-2。

检验项目与性能要求 表 4.1-2

序　号	检验项目	性 能 要 求
1	抗风荷载性能	系统抗风压值 R_D 不小于风荷载设计值
2	抗冲击性	建筑物首层墙面以及门窗口等易受碰撞部位：10J 级；建筑物二层以上墙面等不易受碰撞部位：3J 级
3	吸水量	水中浸泡 1h，只带有抹面层和带有全部保护层的系统的吸水量均不得大于或等于 1.0kg/m^2
4	耐候性	外墙外保温系统经耐候性试验后，不得出现饰面层起泡或剥落、保护层空鼓或脱落等破坏，不得产生渗水裂缝

4.2　无机轻集料保温砂浆系统

4.2.1　适用范围

适应于新建、改建、扩建的民用建筑工程中，无机轻集料保温砂浆及系统的抗冲击性、抗风荷载性能、耐候性吸水量的检测。

4.2.2　试验标准

（1）《无机轻集料保温砂浆及系统技术规程》DB33/T 1054—2008。

（2）《无机轻集料砂浆保温系统技术规程》JGJ 253—2011。

（3）《外墙外保温工程技术规程》JGJ 144—2004。

4.2.3　无机轻集料保温砂浆系统构造

无机轻集料保温砂浆系统由无机轻集料保温砂浆保温层、抗裂防护层及饰面层组成的保温系统。为加强与基层之间的粘结，可根据不同基层材料设置界面粘结层。根据无机轻集料保温砂浆的位置分布可分为外墙外保温、外墙内保温、分户墙保温和楼地面保温等。

4.2.4　检测条件

试件养护和状态调节环境为：温度 23 ±2℃，相对湿度 55% ~85%。

4.2.5　检测设备

（1）外墙外保温系统抗冲击性能装置。

（2）500g 钢球和 1000g 钢球。

（3）钢板尺：测量范围 0 ~1.02m，分度值 10mm。

（4）外墙外保温系统抗风压性能检测装置。

（5）钢直尺的分度值应为 1mm。

（6）外墙外保温系统耐候性检测装置。

4.2.6　检测方法

1. 抗冲击性能

（1）试样由保温层和保护层构成。

试样尺寸不应小于 1200mm ×600mm，保温层厚度不应小于 50mm，玻纤网不得有搭接缝。试样分为普通型试样和加强型试样；对 10J 级抗冲击试样，应涂刷一层聚丙烯酸类乳液。

试样数量：

1）普通型试样：2 件，用于 3J 级冲击试验。

2）加强型试样：2 件，用于 10J 级冲击试验。

（2）试验可采用摆动冲击或竖直自由落体冲击方法。

摆动冲击方法可直接冲击经过耐候性试验的试验墙体。

竖直自由落体冲击方法按下列步骤进行试验：

1）将试样保护层向上平放于光滑的刚性底板上，使试样紧贴底板。

2）试验分为3J和10J两级，每级试验冲击10个点。3J级冲击试验使用质量为500g的钢球，在距离试样上表面0.61m高度自由降落冲击试样。10J级冲击试验使用质量为1000g的钢球，在距离试样上表面1.02m高度自由降落冲击试样。冲击点应离开试样边缘至少100mm，冲击点间距不得小于100mm。以冲击点及其周围开裂作为破坏的判定标准。

（3）结果判定时，10J级试验10个冲击后，且无宽度大于0.1mm的裂缝，判定为10J级。3J级试验10个冲击后，无宽度大于0.1mm的裂缝，判定为3J级。

2. 抗风荷载性能

（1）试样应由基层墙体和被测外保温系统组成，试样尺寸应不小于2.0m×2.5m。

基层墙体可为混凝土墙或砖墙。为了模拟空气渗漏，在基层墙体上每平方米应预留一个直径15mm的孔洞，并应位于保温板接缝处。

（2）试验设备是一个负压箱。负压箱应有足够的深度，以保证在外保温系统可能的变形范围内能使施加在系统上的压力保持恒定。试样安装在负压箱开口中并沿基层墙体周边进行固定和密封。

（3）试验步骤中的加压程序及压力脉冲图形见图4.1-1。

每级试验包含1415个负风压脉冲，加压图形以试验风荷载Q的百分数表示。试验以1kPa的级差由低向高逐级进行，直至试样破坏。

有下列现象之一时，可视为试样破坏：

1）保温板断裂；

2）保温板中或保温板与其保护层之间出现分层；

3）保护层本身脱开；

4）保温板被从固定件上拉出；

5）机械固定件从基底上拔出；

6）保温板从支撑结构上脱离。

系统抗风压值R_d应按式（4.1-7）进行计算。

系统抗风压值R_d不小于6.0kPa。

EPS板薄抹灰外墙外保温系统、胶粉EPS颗粒保温浆料外墙外保温系统、EPS板现浇混凝土外墙外保温系统和EPS钢丝网架板现浇混凝土外墙外保温系统安全系数K应不小于1.5。

3. 系统耐候性

（1）试样要求：试样由混凝土墙和被测外保温系统组成，混凝土墙用作基层墙体。试样宽度不应小于2.5m，高度不应小于2.0m，面积不应小于6m^2。混凝土墙上角处应预留一个宽0.4m、高0.6m的洞口，洞口距离边缘0.4m，如图4.1-2。外保温系统应包住混凝土墙的侧边。侧边保温板最大厚度为20mm。预留洞口处应安装窗框。如有必要，可对洞口四角做特殊加强处理。

（2）EPS板薄抹灰系统和无网现浇系统试验步骤

1）高温—淋水循环80次，每次6h：升温3h，使试样表面升温至70℃，并恒温在70

±5℃（其中升温时间为1h）；淋水1h，向试样表面淋水，水温为15±5℃，水量为1.0～1.5L/（m^2·min）；静置2h。

2）状态调节至少48h。

3）加热—冷冻循环5次，每次24h：升温8h，使试样表面升温至50℃，并恒温在50±5℃（其中升温时间为1h）；降温16h，使试样表面降温至-20℃，并恒温在-20±5℃（其中降温时间为2h）。

（3）保温浆料系统、有网现浇系统和机械固定系统试验步骤

1）高温—淋水循环80次，每次6h：升温3h，使试样表面升温至70℃，并恒温在70±5℃，恒温时间不应小于1h；淋水1h，向试样表面淋水，水温为15±5℃，水量为1.0～1.5L/（m^2·min）；静置2h。

2）状态调节至少48h。

3）加热—冷冻循环5次，每次24h：升温8h，使试样表面升温至50℃，并恒温在50±5℃，恒温时间不应小于5h；降温16h，使试样表面降温至-20℃，并恒温在-20±5℃，恒温时间不应小于12h。

（4）观察、记录和检验时，应符合下列规定

1）每4次高温—淋水循环和每次加热—冷冻循环后观察试样是否出现裂缝、空鼓、脱落等情况并做记录。

2）试验结束后，状态调节7d，检验抹面层与保温层的拉伸粘结强度，断缝应切割至保温层表面。并检验系统的抗冲击性。

（5）结果评定

涂料饰面经80次高温（70℃）—淋水（15℃）和5次加热（50℃）—冷冻（-20℃）循环后不得出现开裂、空鼓或脱落；面砖饰面则增加至30次加热（50℃）—冷冻（-20℃）循环。抗裂面层与保温层的拉伸粘结强度A、B型保温砂浆不得小于0.15MPa，C型不得小于0.10MPa，并且破坏部位应位于保温层内，则系统耐候性合格。

4. 吸水量

（1）试样制备应符合下列规定：

试样分为两种，一种由保温层和抹面层构成，另一种由保温层和保护层构成。

试样尺寸为200mm×200mm，保温层厚度为50mm，抹面层和饰面层厚度应符合受检外保温系统构造规定。每种试样数量各为3件。

试样周边涂密封材料密封。

（2）试验步骤应符合下列规定：

1）测量试样面积A。

2）称量试样初始重量m_0。

3）使试样抹面层或保护层朝下浸入水中并使表面完全湿润。分别浸泡1h和24h后取出，在1min内擦去表面水分，称量吸水后的重量m。

（3）系统吸水量应按下式进行计算：

$$M=\frac{(m-m_0)}{A}$$

式中　M——系统吸水量，kg/m^2；

m——试样吸水后的重量，kg；

m_0——试样初始重量，kg；

A——试样面积，m^2。

试验结果以3个试验数据的算术平均值表示。

4.2.7 结果评定

（1）《无机轻集料保温砂浆及系统技术规程》DB33/T 1054—2008。

检验项目与性能要求，见表4.2-1。

检验项目与性能要求 **表4.2-1**

序号	检验项目	性能要求
1	抗风荷载性能	系统抗风压值 R_d 不小于6.0kPa
2	抗冲击性	普通型：≥3J，且无宽度大于0.1mm的裂缝；加强型：≥10J，且无宽度大于0.1mm的裂缝
3	耐候性	涂料饰面经80次高温（70℃）—淋水（15℃）和5次加热（50℃）—冷冻（-20℃）循环后不得出现开裂、空鼓或脱落；面砖饰面则增加至30次加热（50℃）—冷冻（-20℃）循环。抗裂面层与保温层的拉伸粘结强度A、B型保温砂浆不得小于0.15MPa，C型不得小于0.10MPa，并且破坏部位应位于保温层内

（2）《无机轻集料砂浆保温系统技术规程》JGJ 253—2011检验项目与性能要求见表4.2-2。

检验项目与性能要求 **表4.2-2**

序号	检验项目	性能要求
1	抗冲击性	普通型（单层玻纤网）：3J，且无宽度大于0.10mm的裂纹； 加强型（双层玻纤网）：10J，且无宽度大于0.10mm的裂纹
2	耐候性	涂料饰面经80次高温（70℃）、淋水（15℃）和5次加热（50℃）、冷冻（-20℃）循环后不得出现开裂、空鼓或脱落；面砖饰面经80次高温（70℃）、淋水（15℃）和30次加热（50℃）、冷冻（-20℃）循环后不得出现开裂、空鼓或脱落。抗裂面层与保温层的拉伸粘结强度：Ⅰ型保温砂浆不应小于0.10MPa，Ⅱ型保温砂浆不应小于0.15MPa，Ⅲ型保温砂浆不应小于0.25MPa，且破坏部位应位于保温层内。经耐候性试验后，面砖饰面系统的拉伸粘结强度不应小于0.4MPa
3	吸水量	（在水中浸泡1h后的）≤1000g/m^3

4.3 胶粉聚苯颗粒外墙外保温系统

4.3.1 适用范围

适用胶粉聚苯颗粒外墙外保温系统的抗冲击性、吸水量、耐候性的检测。

4.3.2 试验标准

《胶粉聚苯颗粒外墙外保温系统材料》JG/T 158—2013。

4.3.3 胶粉聚苯颗粒外墙外保温系统分类

按保温层材料的不同构成分为两类：

（1）抹灰系统；

（2）贴砌系统。

4.3.4 检测条件

标准试验环境为空气温度23±2℃，相对湿度45%～75%。在非标准试验环境下试验时，应记录温度和相对湿度。

4.3.5 检测设备

（1）外墙外保温系统抗冲击性能装置。

（2）535g钢球和1045g钢球。

（3）钢板尺：测量范围0～1.02m，分度值10mm。

（4）电子天平：称量范围2000g，精度2g。

（5）钢直尺的分度值应为1mm。

（6）外墙外保温系统耐候性检测装置。

4.3.6 检测方法

1. 抗冲击强度

（1）试件制备

试件由保温层、抗裂层和饰面层构成，试件尺寸1200mm×600mm，试件数量2个。

（2）试验步骤

1）将试件饰面层向上，水平放置在抗冲击仪的基座上，试件紧贴基底；

2）分别用公称直径为50.8mm的钢球（其计算质量为535g）在球的最低点距被冲击表面的垂直高度为0.57m上自由落体冲击试件（3J级）和公称直径为63.5mm的钢球（其计算质量为1045g）在球的最低点距被冲击表面的垂直高度为0.98m上自由落体冲击试件（10J级），每一级别冲击10处，冲击点间距及冲击点与边缘的距离不应小于100mm，试件表面冲击点周围出现环形或放射性裂缝视为冲击点破坏。

（3）结果评定

3J 级试验 10 个冲击点中破坏点小于 4 个时，判定为 3J 级。10J 级试验 10 个冲击点中破坏点小于 4 个时，判定为 10J 级。

2. 吸水量

（1）试件制备

试件由保温层、抗裂层和饰面层构成。

尺寸和数量：200mm×200mm，3 个。

制备：完成制样后，在标准试验条件下养护 7d，然后将试件 4 个侧面（包括保温材料）做密封防水处理，并对试件做下列预处理：

1）将试件按下列步骤进行 3 次循环：

将试件饰面层朝下浸入试验环境的水槽中 24h，浸入深度为 2～10mm（抗裂层和饰面层厚度）；

在 50±5℃的条件下干燥 24h。

2）完成循环后，试件在试验环境下放置不少于 24h。

（2）试验步骤

1）测量试样面积 A。

2）称量试件浸水前质量 m_0。

3）将试件饰面层朝下浸入室温水中并使表面完全湿润，浸入水中的深度为 2～10mm（抗裂层和饰面层厚度），浸泡 1h 后取出，在 1min 内擦去表面明水，称量浸水后试件质量 m_1。

（3）试验结果

系统吸水量按式（4.3-1）进行计算。

$$M = \frac{m_1 - m_0}{A} \tag{4.3-1}$$

式中 M——吸水量，g/m²；

m_1——浸水后试件质量，g；

m_0——浸水前试件质量，g；

A——试件表面浸水部分的面积，m²。

试验结果以 3 个试验数据的算术平均值表示，精确至 1g/m²。

3. 系统耐候性

（1）试件制备

试件由试验墙和被测保温系统组成，试验墙为足够牢固并可安装到耐候性试验箱上的混凝土或砌体墙，墙上角处应开一个宽 0.4m、高 0.6m 的洞口，洞口距离边缘 0.4m，如图 4.1-2；试件宽度不应小于 2.5m，高度不应小于 2.0m，面积不应小于 6.0m²，试件数量一个；保温层厚度不宜小于 50mm；在试验墙的侧面也应安装保温系统，以胶粉聚苯颗粒浆料作为保温材料，最大厚度为 20mm；

试件应使用同一种抗裂层，可按从左至右竖向分布最多做 4 种类型的饰面层，墙面底部 0.4m 高度以下不做饰面层；

如有必要，可对洞口四角做特殊加强处理；

试件制作完成后在试验室条件（温度 10～30℃、相对湿度不低于 50%）下养护不少于28d。

（2）试验步骤

组装试件：将耐候性试验箱安置在试件表面距边缘0.10～0.30m处，试件应与耐候性试验箱开口接触。试验过程中，指定的温度在试件的表面测得。

1）高温—淋水循环80次，每次6h，每4次循环后，对抗裂层和饰面层的起泡、开裂、脱落等变化状况进行检查，并记录其尺寸和位置：加热3h，使试样表面温度升至70℃，并恒温在70±5℃，恒温时间应不小于1h，试验箱内空气相对湿度保持在10%～30%范围内；喷水1h，向试件表面喷水，水温为15±5℃，水量为1.0～1.5L/（m^2·min）；静置2h。

2）加热—冷冻循环

完成"高温—淋水循环"的试件在实验室条件下养护不少于48h，接着按下列步骤进行20次"加热—冷冻循环"，每次24h，每次循环后，对抗裂层和饰面层的起泡、开裂、脱落等变化状况进行检查，并记录其尺寸和位置：加热8h，使试件表面温度升至50℃，并恒温在50±5℃，恒温时间不应小于5h，试验箱内空气相对湿度保持在10%～30%范围内；制冷16h，将试件表面温度降至－20℃，并恒温在－20±5℃，恒温时间不应小于12h。

3）冻融循环

面砖饰面系统完成"加热—冷冻循环"后，在试验室条件下养护不少于48h，然后按下列步骤进行25次"冻融循环"，每次8h：升温1h，使试件表面升温至20℃，并恒温在20±5℃，试验箱内空气相对湿度不应低于80%；喷水1h，向试件表面喷水，水温为15±5℃，水量为1.0～1.5L/（m^2·min）；恒温1h，使试件表面恒温在20±5℃，试验箱内空气相对湿度不应低于80%；冷冻5h，使试件表面降温至－20℃，并恒温在－20±5℃。

4）拉伸粘结强度测试

完成耐候性循环试验的试件应在试验室条件下放置7d，然后按《建筑工程饰面砖粘结强度检验标准》JGJ 110规定的方法测试系统拉伸粘结强度和面砖与抗裂层拉伸粘结强度并应符合下列要求：

a. 试样尺寸为100mm×100mm（系统拉伸粘结强度）或45mm×95mm（面砖与抗裂层拉伸粘结强度），每组6个；

b. 采样部位应在试件表面均匀分布，采样点间距和距试件边缘均不小于100mm，其中系统拉伸粘结强度应在不做饰面层的部位采样；

c. 系统拉伸粘结强度断缝应从抗裂层表面切割至基层墙体表面，面砖与抗裂层拉伸粘结强度断缝应从面砖表面切割至抗裂层表面。

5）试验结果

a. 外观：当试件未破坏时，试验结果为无渗水裂缝，无粉化、空鼓、剥落现象；当试件破坏时，应对试件的渗水裂缝、粉化、空鼓、剥落等变化状况进行检查，记录其数量、尺寸和位置，说明其循环次数。

b. 拉伸粘结强度：取6个试验数据的4个中间值的算术平均值，精确至0.1MPa。

4.3.7 结果评定

检测项目和性能要求，见表4.3-1。

检测项目和性能指标　　表 4.3-1

<table>
<tr><td rowspan="2">序号</td><td colspan="2" rowspan="2">检测项目</td><td colspan="2">性能指标</td></tr>
<tr><td>涂料饰面</td><td>面砖饰面</td></tr>
<tr><td rowspan="3">1</td><td rowspan="3">耐候性</td><td>外观</td><td colspan="2">无渗水裂缝，无粉化、空鼓、剥落现象</td></tr>
<tr><td>系统拉伸粘结强度（MPa）</td><td>≥0.1</td><td>—</td></tr>
<tr><td>面层与抗裂层拉伸粘结强度（MPa）</td><td>—</td><td>≥0.4</td></tr>
<tr><td>2</td><td colspan="2">吸水量（g/m²）</td><td colspan="2">≤1000</td></tr>
<tr><td rowspan="2">3</td><td rowspan="2">抗冲击性</td><td>二层及以上</td><td>3J 级</td><td rowspan="2">—</td></tr>
<tr><td>首层</td><td>10J 级</td></tr>
</table>

4.4　膨胀聚苯板薄抹灰外墙外保温系统

4.4.1　适用范围

适用膨胀聚苯板薄抹灰外墙外保温系统的抗风压值、抗冲击强度、吸水量、耐候性的检测。

4.4.2　试验标准

《膨胀聚苯板薄抹灰外墙外保温系统》JG 149—2003。

4.4.3　膨胀聚苯板薄抹灰外墙外保温系统构造

置于建筑物外墙外侧的保温及饰面系统，是由膨胀聚苯板、胶粘剂和必要时使用的锚栓、抹面胶浆和耐碱网布及涂料等组成的系统产品。薄抹灰增强防护层的厚度宜控制在：普通型 3～5mm，加强型 5～7mm。该系统采用粘接固定方式与基层墙体连接，也可辅有锚栓。

4.4.4　检测条件

标准试验环境为空气温度 23±2℃，相对湿度 40%～60%。在非标准试验环境下试验时，应记录温度和相对湿度。

4.4.5　检测设备

（1）外墙外保温系统抗冲击性能装置。
（2）500g 钢球和 1000g 钢球。
（3）钢板尺：测量范围 0～1.02m，分度值 10mm。
（4）外墙外保温系统抗风压性能检测装置。
（5）电子天平：称量范围 2000g，精度 2g。
（6）钢直尺的分度值应为 1mm。

（7）外墙外保温系统耐候性检测装置。

4.4.6 检测方法

1. 抗冲击强度

（1）试样

1）试样尺寸：600mm×1200mm，两个；

2）试样制备：在表观密度为18kg/m³，厚度为50mm的膨胀聚苯板上按产品说明书刮抹抹面胶浆，压入耐碱网布，再用抹面胶浆刮平，抹面层总厚度为5mm。在试验环境下养护28d，按试验要求的尺寸进行切割。

（2）试验过程

1）将试样抹面层向上，平放在水平的地面上，试样紧贴地面；

2）分别用质量为0.5kg（1.0kg）的钢球，在0.61m（1.02m）的高度上松开，自由落体冲击试样表面。每级冲击10个点，点间距或边缘距离至少100mm。

（3）试验结果

以抹面胶浆表面断裂作为破坏的评定，当10次中小于4次破坏时，该试件抗冲击强度符合P（Q）型的要求；当10次中有4次或4次以上破坏时，则为不符合该型的要求。

2. 吸水量

（1）试样

1）试样尺寸为200mm×200mm，3个；

2）试样制备：在表观密度为18kg/m³，厚度为50mm的膨胀聚苯板上按产品说明书刮抹抹面胶浆，压入耐碱网布，再用抹面胶浆刮平，抹面层总厚度为5mm。在试验环境下养护28d，按试验要求的尺寸进行切割；

3）每个试样除抹面胶浆的一面外，其他五面用防水材料密封。

（2）试验过程：用天平称量制备好的试样质量 m_0，然后将试样抹胶浆的一面向下平稳地放入室温水中，浸水深度等于抹面层的厚度，浸入水中时表面应完全润湿。浸泡24h取出后用湿毛巾迅速擦去试样表面的水分，称其吸水24h后的质量 m_b。

（3）试验结果

系统吸水量按式（4.4-1）进行计算。

$$M=\frac{m_b-m_0}{A} \tag{4.4-1}$$

式中 M——吸水量，g/m²；

m_b——浸水后试样质量，g；

m_0——浸水前试样质量，g；

A——试样抹面胶浆的面积，m²。

试验结果取3个试样试验结果的算术平均值表示，精确到1g/m²。

3. 抗风压值

（1）试样

1）尺寸和数量：尺寸不小于2.0×2.5m，数量一个；

2）制作：在混凝土基层墙体上表观密度为18kg/m³，厚度为50mm的膨胀聚苯板上按产品说明书刮抹抹面胶浆，压入耐碱网布，再用抹面胶浆刮平，抹面层总厚度为5mm，在试验环境下养护28d，保温板厚度符合工程设计要求。

（2）试验步骤

1）按工程项目设计的最大负风荷载设计值 W 降低2kPa，开始循环加压，每增加1kPa做一个循环，直至破坏；

2）加压程序及压力脉冲图形见图4.1-1。

3）有下列现象之一时，即表示试样破坏：

a. 保温板断裂；

b. 保温板中或保温板与其防护层之间出现分层；

c. 保护层本身脱开；

d. 保温板被从锚栓上拉出；

e. 锚栓从基层拉出；

f. 保温板从基层脱离。

（3）试验结果

系统抗风压值 W_d 按式（4.4-2）进行计算。

$$W_d = \frac{QC_sC_a}{m} \tag{4.4-2}$$

式中 W_d——抗风压值，kPa；

Q——风荷载试验值，kPa；

m——安全系数，薄抹灰外保温系统 $m = 1.5$；

C_a——几何系数，薄抹灰外保温系统 $C_a = 1$；

C_s——统计修正系数，按表4.4-1选取。

薄抹灰外保温系统 C_s 值 **表4.4-1**

粘接面积 B（%）	统计修正系数 C_s	粘接面积 B（%）	统计修正系数 C_s
$50 \leqslant B \leqslant 100$	1.0	$B \leqslant 10$	0.8
$10 < B < 50$	0.9		

4. 耐候性

（1）试样的制备

1）一组试验的试样数量为两个；

2）按薄抹灰外保温系统制造商的要求在混凝土墙体上制作薄抹灰外保温系统模型。每个试验模型沿高度方向均匀分段，第一段只涂抹面胶浆，下面各段分别涂上薄抹灰外保温系统制造商提供的最多4种饰面涂料；

3）在墙体侧面粘贴膨胀聚苯板厚度为20mm的薄抹灰外保温系统；

4）试样的尺寸如图4.1-2所示，并应满足：

a. 面积不小于6.00m²；

b. 宽度不小于2.50m；

c. 高度不小于2.00m。

5）在试样距离边缘0.40m处开一个0.40m宽×0.60m高的洞口，在此洞口上安装窗；

6）试样应至少有28d的硬化时间。硬化过程中，周围环境温度应保持在10～25℃，相对湿度不应小于50%，并应定时做记录。对抹面胶浆为水泥基材料的系统，为了避免系统过快干燥，可每周一次用水喷洒5min，使薄抹灰增强防护层保持湿润，在模型安装后第3天即开始喷水。硬化过程中，应记录系统所有的变形情况（如：起泡、裂缝等）。

注1：试验模型的安装细节（材料的用量，板与板之间的接缝位置，锚栓……）均需由试验人员检查和记录。

注2：膨胀聚苯板必须满足陈化要求。

注3：可在试验模型的窗角部位做增强处理。

（2）试验步骤

将两试样面对面装配到气候调节箱的两侧。在试样表面测量以下试验周期中的温度。

1）热/雨周期

试样需依次经过以下步骤80次：将试样表面加热至70℃（温度上升时间为1h），保持温度70±5℃，相对湿度10%～15% 2h（共3h）；

喷水1h，水温15±5℃，喷水量1.0L/m²·min～1.5L/m²·min；静置2h（干燥）。

2）热/冷周期

经受上述热/雨周期后的试样在温度10～25℃，相对湿度不小于50%的条件下放置至少48h后，再根据以下步骤执行5个热/冷周期：

在温度为50±5℃（温度上升时间为1h），相对湿度不大于10%的条件下放置至少7h（共8h）；在温度为－20±5℃（降温时间为2h）的条件下放置14h（共16h）。

（3）试验结果

在每4个热/雨周期后，及每个热/冷周期后均应观察整个系统和抹面胶浆的特性或性能变化（起泡，剥落，表面细裂缝，各层材料间丧失粘结力，开裂等等），并做如下记录：

1）检查系统表面是否出现裂缝，若出现裂缝，应测量裂缝尺寸和位置并作记录；

2）检查系统表面是否起泡或脱皮，并记录下它的位置和大小；

3）检查窗是否有损坏以及系统表面是否有与其相连的裂缝，并记录位置和大小。

4.4.7 结果评定

检测项目和性能要求，见表4.4-2。

检测项目及性能要求 表4.4-2

序号	检测项目		性能要求
1	吸水量（g/m²）浸水24h		≤500
2	抗冲击强度（J）	普通型（P型）	≥3.0
		加强型（Q型）	≥10.0
3	抗风压值（kPa）		不小于工程项目的风荷载设计值
4	耐候性		表面无裂纹、粉化、剥落现象

第5章 建筑物围护结构现场检测

5.1 饰面砖粘结强度检测

5.1.1 适用范围

适用于建筑工程外墙饰面砖粘结强度的检验。

5.1.2 试验标准

《建筑工程饰面砖粘结强度检验标准》JGJ 110-2008。

5.1.3 检验批

1. 预置墙板

复验应以每 1000m^2 同类带饰面砖的预置墙板为一个检验批，不足 1000m^2 应按 1000m^2 计，每批应取一组，每组应为3块，每块板应制取1个试样对饰面砖粘结强度进行检验。

2. 现场检验

现场粘贴饰面砖粘结强度检验应以 1000m^2 同类墙体饰面砖为一个检验批，不足 1000m^2 应按 1000m^2 计，每批应取一组3个试样，每相邻的三个楼层应至少取一组试样，试样应随机抽取，取样间距不得小于500mm。

5.1.4 检验时间

采用水泥基胶粘剂粘贴外墙饰面砖时，可按胶粘剂使用说明书的规定时间或在粘贴外墙饰面砖 14d 及以后进行饰面砖粘结强度检验。粘贴后 28d 以内达不到标准或有争议时，应以 28 ~60d 内约定时间检验的粘结强度为准。

5.1.5 检测设备

（1）多功能拉拔仪。

（2）钢直尺的分度值应为1mm。

（3）标准块（95mm ×45mm 适用于除陶瓷锦砖以外的饰面砖试样，40mm ×40mm 适用于陶瓷锦砖试样）。

（4）手持切割锯。

（5）胶粘剂，粘结强度宜大于3.0MPa。

（6）胶带。

5.1.6 检测方法

1. 断缝应符合下列要求：

（1）断缝应从饰面砖表面切割至混凝土墙体或砌体表面，深度应一致。对有加强处理措施的加气混凝土、轻质砌块、轻质墙板和外墙外保温系统上粘贴的外墙饰面砖，在加强处理措施或保温系统符合国家有关标准的要求，并有隐蔽工程验收合格证明的前提下，可切割至加强抹面层表面。

（2）试样切割长度和宽度宜与标准块相同，其中有两道相邻切割线应沿饰面砖边缝切割。

2. 标准块粘贴应符合下列要求：

（1）在粘贴标准块前，应清除饰面砖表面污渍并保持干燥。当现场温度低于5℃时，标准块宜预热后再进行粘贴。

（2）胶粘剂应按使用说明书规定的配比使用，应搅拌均匀、随用随配、涂布均匀，胶粘剂硬化前不得受水浸。

（3）在饰面砖上粘贴标准块，胶粘剂不应粘连相邻饰面砖。

（4）标准块粘贴后应及时用胶带固定。

3. 粘结强度检测仪的安装和测试程序应符合下列要求：

（1）检测前在标准块上应安装带有万向接头的拉力杆。

（2）安装专用穿心式千斤顶，使拉力杆通过穿心千斤顶中心并与标准块垂直。

（3）调整千斤顶活塞时，应使活塞升出2mm左右，并将数字显示器调零，再拧紧拉力杆螺母。

（4）检测饰面砖粘结力时，匀速摇转手柄升压，直至饰面砖试样断开，并记录数字显示器峰值，该值即是粘结力值。

（5）检测后降压至千斤顶复位，取下拉力杆螺母及拉杆。

（6）试样断面边长取试样断开面每对切割边的中部长度，测量精确到1mm。

（7）按受力断开的性质及表5.1-1和表5.1-2的格式确定断开状态。当检测结果为胶粘剂与饰面砖的界面断开或饰面砖为主断开时且粘结强度不小于标准平均值且断裂符合要求时，检测结果取断开时的检测值，表明该试样粘结强度符合标准要求，如果粘结强度小于标准平均值要求时，应分析原因，重新选点检测。

不带保温加强系统的饰面砖粘结强度试件断开状态表　　表5.1-1

序　号	图　　示	断开状态
1	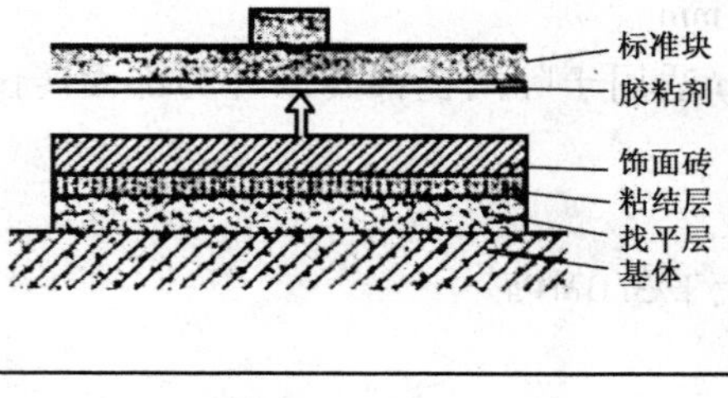 标准块 胶粘剂 饰面砖 粘结层 找平层 基体	胶粘剂与饰面砖界面断开

续表

序　号	图　　　示	断开状态
2	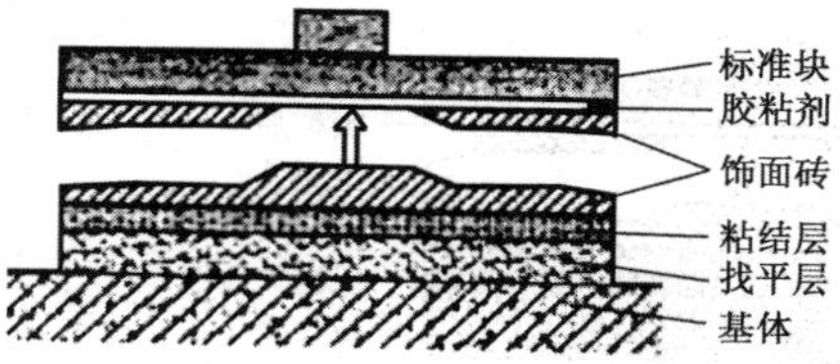 标准块 胶粘剂 饰面砖 粘结层 找平层 基体	饰面砖为主断开
3	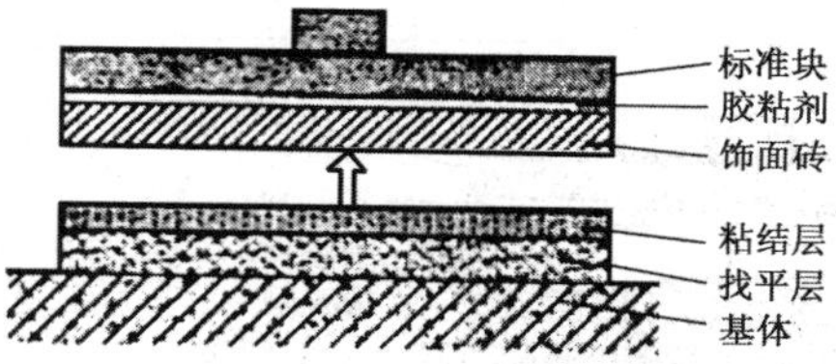 标准块 胶粘剂 饰面砖 粘结层 找平层 基体	饰面砖与粘结层界面为主断开
4	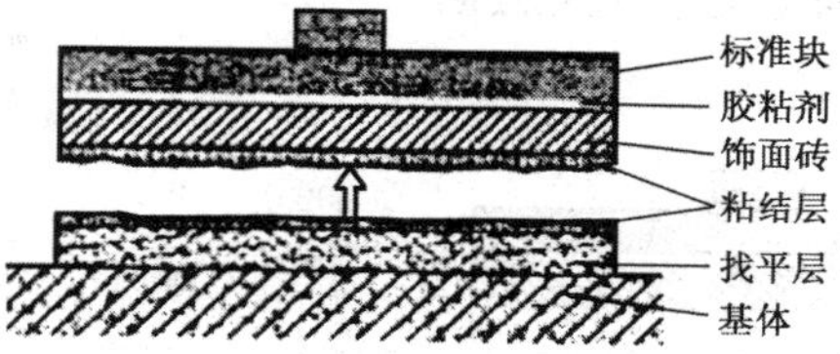 标准块 胶粘剂 饰面砖 粘结层 找平层 基体	粘结层为主断开
5	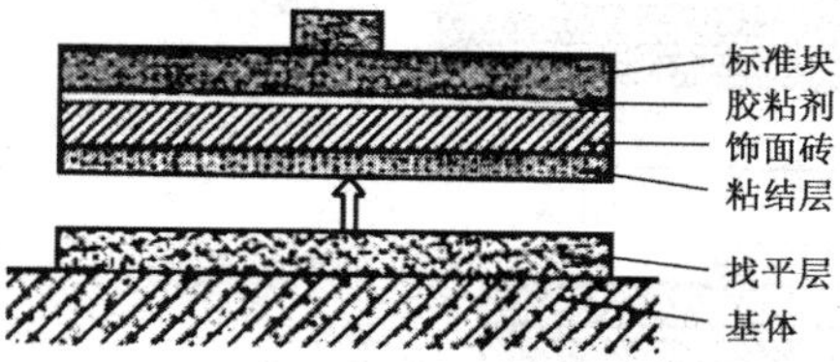 标准块 胶粘剂 饰面砖 粘结层 找平层 基体	粘结层与找平层界面为主断开
6	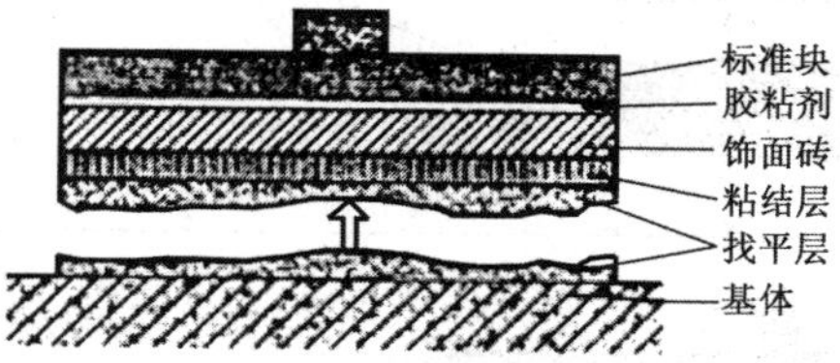 标准块 胶粘剂 饰面砖 粘结层 找平层 基体	找平层为主断开
7	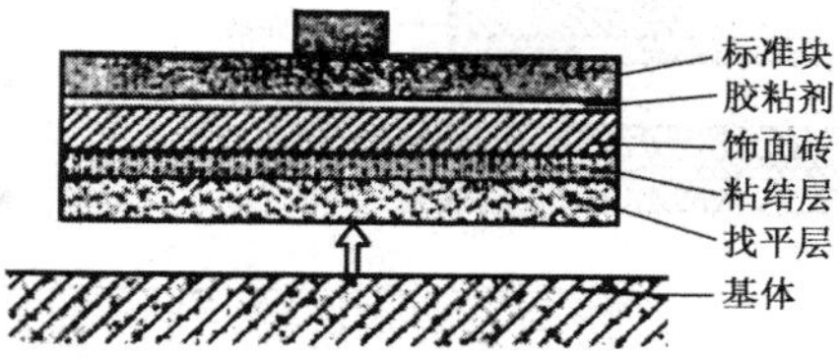 标准块 胶粘剂 饰面砖 粘结层 找平层 基体	找平层与基体界面为主断开
8	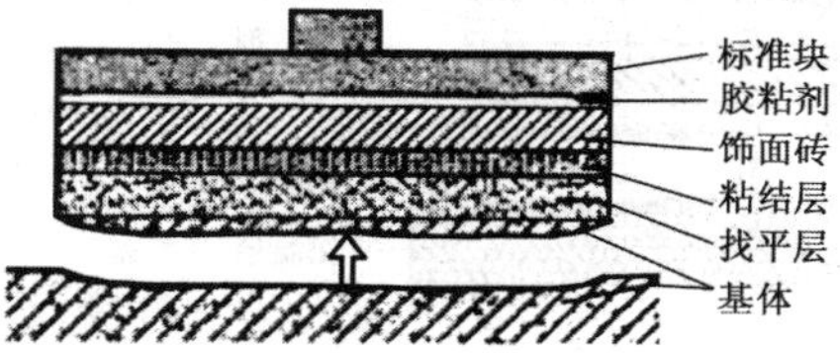 标准块 胶粘剂 饰面砖 粘结层 找平层 基体	基体断开

带保温系统的饰面砖粘结强度试件断开状态表 **表 5.1-2**

序 号	图 示	断开状态
1	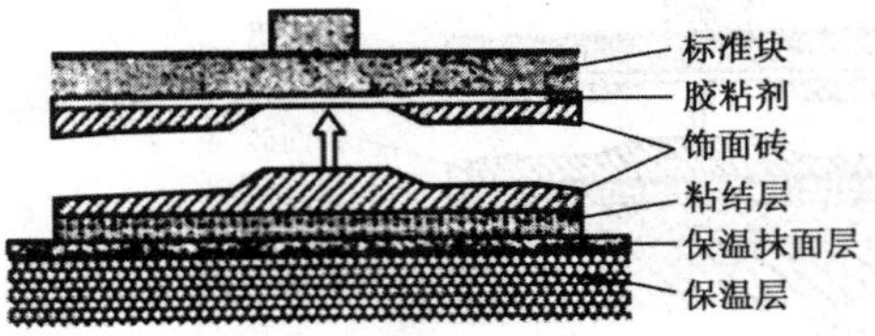 标准块 胶粘剂 饰面砖 粘结层 保温抹面层 保温层	胶粘剂与饰面砖界面断开
2	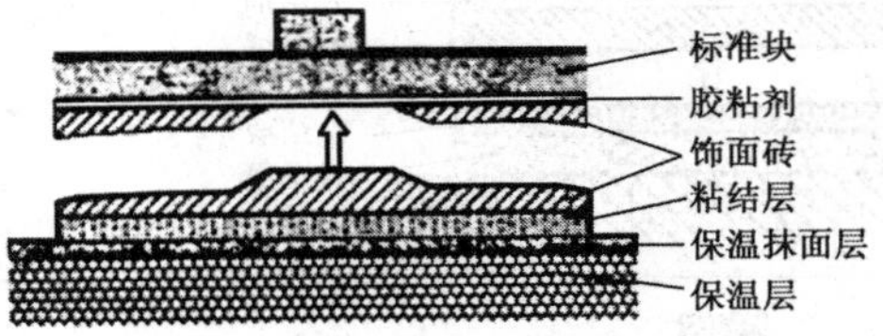 标准块 胶粘剂 饰面砖 粘结层 保温抹面层 保温层	饰面砖为主断开
3	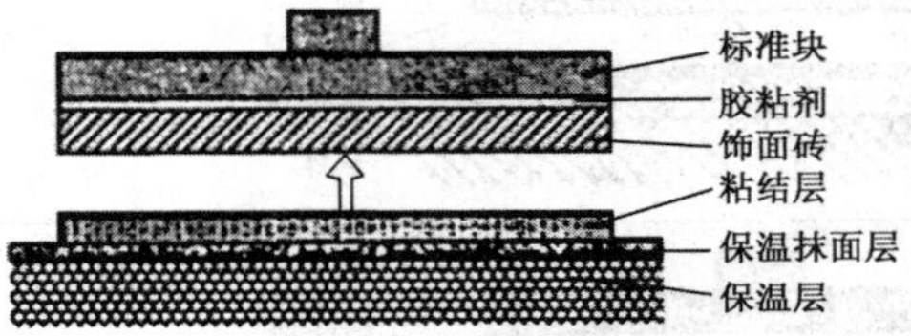 标准块 胶粘剂 饰面砖 粘结层 保温抹面层 保温层	饰面砖与粘结层界面为主断开
4	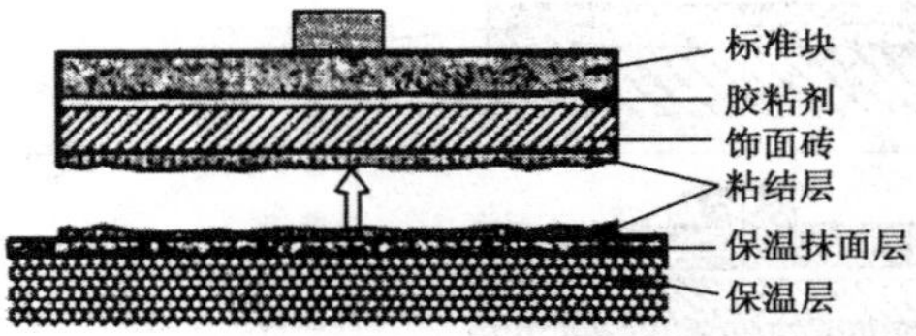 标准块 胶粘剂 饰面砖 粘结层 保温抹面层 保温层	粘结层为主断开
5	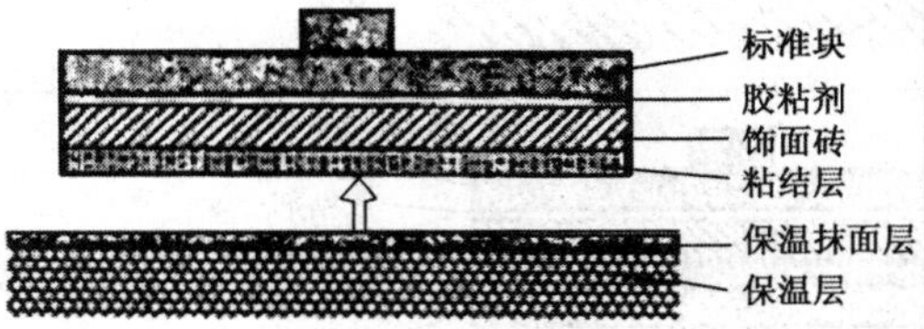 标准块 胶粘剂 饰面砖 粘结层 保温抹面层 保温层	粘结层与保温抹面层界面为主断开
6	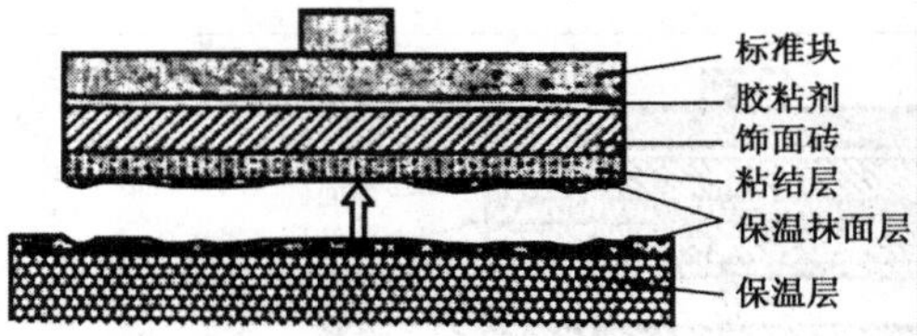 标准块 胶粘剂 饰面砖 粘结层 保温抹面层 保温层	保温抹面层为主断开

5.1.7 粘结强度的计算

粘结强度的计算，见式（5.1-1）。

$$R_i = \frac{X_i}{S_i} \times 10^3 \tag{5.1-1}$$

式中 R_i——第 i 个试样粘结强度（MPa），精确到0.1MPa；

X_i——第 i 个试样粘结力（kN），精确到0.01kN；

S_i——第 i 个试样断面面积（mm^2），精确到1 mm^2。

每组试样平均粘结强度应按式（5.1-2）计算：

$$R_m = \frac{1}{3}\sum_{i=1}^{3} R_i \tag{5.1-2}$$

R_m——每组试样平均粘结强度（MPa）精确到0.1MPa。

5.1.8 结果评定

（1）现场粘贴的同类饰面砖，当一组试样均符合下列两项指标要求时，其粘结强度应定为合格；当一组试样均不符合下列两项指标要求时，其粘结强度应定为不合格。当一组试样只符合下列两项指标的一项要求时，应在该组试样原取样区域内重新抽取两组试样检验，若检验结果仍有一项不符合下列指标要求时，则该组饰面砖粘结强度应定为不合格：

1）每组试样平均粘结强度不应小于0.4MPa；

2）每组可有一个试样的粘结强度小于0.4MPa，但不应小于0.3MPa。

（2）带饰面砖的预置墙板，当一组试样均符合下列两项指标要求时，其粘结强度应定为合格；当一组试样均不符合下列两项指标要求时，其粘结强度应定为不合格。当一组试样只符合下列两项指标要求时，应在该组试样原取样区域内重新抽取两组试样检验，若检验结果仍有一项不符合下列指标要求时，则该组饰面砖粘结强度应定为不合格：

1）每组试样平均粘结强度不应小于0.6MPa；

2）每组可有一个试样的粘结强度小于0.6MPa，但不应小于0.4MPa。

5.1.9 注意事项

（1）检测时应正确佩戴安全帽，需高空作业时应系好安全带注意安全。

（2）数字压力表属于精密仪器，使用中应注意防振防湿，连接电缆与插头间不要用力拉动。

（3）当数值压力表显示不全/不清时应及时充电。

5.2 保温层粘结强度检测

5.2.1 检测目的

保温板与基层及各构造层之间的粘结或连接必须牢固。粘结强度和连接方式应符合设计要求。

5.2.2 试验标准

（1）《外墙外保温工程技术规程》JGJ 144—2004。

（2）《建筑工程饰面砖粘结强度检验标准》JGJ 110-2008。

（3）《建筑节能工程施工质量验收规范》GB 50411—2007。

5.2.3 检测设备

（1）多功能拉拔仪。

（2）钢直尺分度值为1mm。

（3）标准块（95mm×45mm适用于除陶瓷锦砖以外的饰面砖试样，40mm×40mm适用于陶瓷锦砖试样）。

（4）手持切割锯。

（5）胶粘剂，粘结强度宜大于3.0MPa。

（6）胶带。

5.2.4 检测方法

1. 基体与胶粘剂的拉伸粘结强度

（1）基体表面应清洁。

（2）在每种类型的基层墙体表面上取五处有代表性部位分别涂胶粘剂或界面砂浆面积为3~4dm^2，厚度为5~8mm。干燥后应按5.1节规定进行试验，断缝应从胶粘剂或界面砂浆表面切割至基层表面。

（3）基层与胶粘剂的拉伸粘结强度不应低于0.3MPa，并且粘结界面脱开面积不应大于50%。

2. 保温层与胶粘剂的拉伸粘结强度

（1）在对粘结好的EPS板表面上取清洁无油污的3处部位粘结标准块，干燥后应按5.1节规定进行试验，断缝应从EPS表面切割至基层表面。

（2）EPS板胶粘剂的拉伸粘结强度不得小于0.1MPa，并且破坏部位要求在EPS板内。

3. 抹面层与保温层的拉伸粘结强度

（1）在抹面层上选择清洁无油污的3处部位粘结标准块干燥后应按5.1节规定进行试验，断缝应从抹面层表面切割至基层表面。

（2）抹面层与保温层的拉伸粘结强度不得小于0.1MPa，并且破坏部位应位于保温层内。

5.2.5 注意事项

（1）检测时应正确佩戴安全帽，需高空作业时应系好安全带注意安全。

（2）数字压力表属精密仪器，使用中应注意防振防湿，连接电缆与插头间不要用力拉动。

（3）当数值压力表显示不全、不清时应及时充电。

5.3 锚固件拉拔检测

5.3.1 适用范围

适用于外墙外保温系统机械固定的锚栓，预埋金属固定件等。

5.3.2 试验标准

（1）《膨胀聚苯板薄抹灰外墙外保温系统》JG 149—2003。
（2）《无机轻集料保温砂浆及系统技术规程》DB33/T 1054—2008。
（3）《无机轻集料砂浆保温系统技术规程》JGJ 253—2011。
（4）《建筑节能工程施工质量验收规范》GB 50411—2007。

5.3.3 检测设备

（1）拉拔仪：测量误差不大于2%。
（2）位移计：仪器误差不大于0.02mm。

5.3.4 检测方法

（1）试样：C25混凝土试块，尺寸根据锚栓规格确定。锚栓边距、间距均不小于100mm，锚栓试样10件。

（2）试验过程：在试验环境下，根据厂商的规定，在混凝土试块上安装锚栓，并在锚栓上安装位移计，夹好夹具，安装拉拔仪，拉拔仪支脚中心轴线与锚栓中心轴线间距离不小于有效锚固深度的二倍；均匀稳定加荷，且荷载方向垂直于混凝土试块表面，加载至出现锚栓破坏，记录破坏荷载值、破坏状态，并记录整个试验的位移值。

（3）锚栓在其他种类的基层墙体中的抗拉承载力通过现场试验确定。

5.3.5 数据处理

对破坏荷载值进行数理统计分析，假设其为正态分布，并计算标准偏差。根据试验数据按照式（5.3-1）计算锚栓抗拉承载力标准值 $F_{5\%}$。

$$F_{5\%} = F_{平均} \times (1 - k_s \times v) \tag{5.3-1}$$

式中 $F_{5\%}$——单个锚栓抗拉承载力标准值，kN；

$F_{平均}$——试验数据平均值，kN；

k_s——系数，$n=5$（试验个数）时，$k_s=3.4$；$n=10$ 时，$k_s=2.568$；$n=15$ 时，$k_s=2.329$；

v——变异系数（试验数据标准偏差与算术平均值的绝对值之比）。

5.3.6 结果评定

（1）《膨胀聚苯板薄抹灰外墙外保温系统》JG 149—2003锚栓试验项目与技术指标，见表5.3-1。

（2）《无机轻集料保温砂浆及系统技术规程》DB33/T 1054—2008 试验项目与技术指标，见表5.3-2。

（3）《无机轻集料砂浆保温系统技术规程》JGJ 253—2011 锚栓试验项目与技术指标，见表5.3-3。

试验项目与技术指标（JGJ 149—2003）

表5.3-1

试验项目	技术指标
单个锚栓抗拉承载力标准值（kN）	≥0.30

试验项目与技术指标（DB33/T 1054—2008）

表5.3-2

试验项目	技术指标
单个锚栓抗拉承载力标准值（kN）（C25混凝土基层）	≥0.80

试验项目与技术指标（JGJ 253—2011） **表5.3-3**

试验项目	技术指标	试验项目	技术指标
单个锚栓抗拉承载力标准值（kN）（C25混凝土基层）	≥0.60	单个锚栓抗拉承载力标准值（kN）（其他砌体）	≥0.30

5.4 节能构造钻芯检测

5.4.1 适用范围

适用于检验外墙有保温层的节能构造是否符合设计要求，判定或鉴别外墙保温层厚度。

5.4.2 试验标准

《建筑节能工程施工质量验收规范》GB 50411—2007。

5.4.3 检测设备

（1）钻芯机。

（2）钢直尺：0～300mm，分度值为1mm。

5.4.4 检测方法

1. 芯样钻取部位及数量

（1）取样部位应由监理（建设）与施工双方共同确定，不得在外墙施工前预先确定。

（2）取样位置应选取节能构造有代表性的外墙上相对隐蔽部位，并宜兼顾不同朝向和楼层；取样位置必须确保钻芯操作安全、方便。

（3）外墙取样数量为一个单位工程每种节能保温做法至少取3个芯样，取样部位宜均匀分布，不宜在同一个房间外墙上取2个或2个以上芯样。

2. 对钻取的芯样，应按照下列规定进行检查

（1）对照设计图纸观察、判断保温材料种类是否符合设计要求；必要时也可采用其他方法加以判断。

（2）用分度值为1mm的钢尺，在垂直芯样表面（外墙面）的方向量取保温层厚度，精确到1mm。

（3）观察或剖开检查保温层构造做法是否符合设计和施工方案要求。

3. 钻取芯样的判定

在垂直于芯样表面的方向上实测芯样保温层厚度，当实测厚度平均值达到设计厚度的95%及以上，且最小值不低于设计厚度的90%时，应判定保温层厚度符合设计要求，否则，应判定保温层厚度不符合设计要求。

5.4.5 取样部位的修补

外墙取样部位的修补，可采用聚苯乙烯板或其他保温材料制成圆柱形塞填充并用建筑密封胶密封。修补后宜在取样部位挂贴注有“外墙节能构造的钻芯检验点”的标志牌。

5.5 外围护结构热工缺陷检测

5.5.1 适用范围

适用于建筑物外围护结构外表面热工缺陷和内表面热工缺陷的检测。

5.5.2 试验标准

（1）《居住建筑节能检测标准》JGJ/T 132-2009。

（2）《公共建筑节能检测标准》JGJ/T 177-2009。

5.5.3 检测条件

（1）检测前至少24h内室外空气温度的逐时值与开始检测时的室外空气温度相比，其变化不应大于10℃。

（2）检测前至少24h内和检测期间，建筑物外围护结构内外平均空气温度差不宜小于10℃。

（3）检测期间与开始检测时的空气温度相比，室外空气温度的逐时值变化不应大于5℃，室内空气温度逐时值变化不应大于2℃。

（4）1h内室外风速（采样时间间隔为30min）变化不应大于2级（含2级）。

（5）检测开始前至少12h内受检的外表面不应受到太阳直接照射，受检的内表面不应受到灯光的直接照射。

（6）室外空气相对湿度不应大于75%，空气中粉尘含量不应异常。

5.5.4 检测设备

红外热像仪：波长范围为8.0～14.0μm，传感器温度分辨率不应大于0.08℃，温差检

测不确定度不应大于0.5℃，红外热像仪的像素不应少于76800点。

5.5.5 检测方法

（1）检测前宜采用表面式温度计在受检表面上测出参照温度，调整红外热像仪的发射率，使红外热像仪的测定结果等于该参照温度；宜在与目标距离相等的不同方位扫描同一个部位，并评估临近物体对受检外围护结构表面造成的影响；必要时可采取遮挡措施或关闭室内辐射源，或在合适的时间段进行检测。

（2）受检表面同一个部位的红外热像图不应少于2张。当拍摄的红外热像图中，主体区域过小时，应单独拍摄一张以上（含1张）主体部位红外热像图。应用图说明受检部位的红外热像图在建筑中的位置，并应附上可见光照片。红外热像图上应标明参照温度的位置，并应随红外热像图一起提供参照温度的数据。

（3）受检外表面的热工缺陷应采用相对面积（ψ）评价，受检内表面的热工缺陷应采用能耗增加比（β）评价。两者应分别根据式（5.5-1）~式（5.5-8）计算：

$$\psi = \frac{\sum_{i=1}^{n} A_{2,i}}{\sum_{i=1}^{n} A_{1,i}} \tag{5.5-1}$$

$$\beta = \psi \left| \frac{T_1 - T_2}{T_1 - T_0} \right| \times 100\% \tag{5.5-2}$$

$$T_1 = \frac{\sum_{i=1}^{n} (T_{1,i} \cdot A_{1,i})}{\sum_{i=1}^{n} A_{1,i}} \tag{5.5-3}$$

$$T_2 = \frac{\sum_{i=1}^{n} (T_{2,i} \cdot A_{2,i})}{\sum_{i=1}^{n} A_{2,i}} \tag{5.5-4}$$

$$T_{1,i} = \frac{\sum_{i=1}^{m} (A_{1,i,j} \cdot T_{1,i,j})}{\sum_{j=1}^{m} A_{1,i,j}} \tag{5.5-5}$$

$$T_{2,i} = \frac{\sum_{i=1}^{m} (A_{2,i,j} \cdot T_{2,i,j})}{\sum_{j=1}^{m} A_{2,i,j}} \tag{5.5-6}$$

$$A_{1,i} = \frac{\sum_{j=1}^{m} A_{1,i,j}}{m} \tag{5.5-7}$$

$$A_{2,i} = \frac{\sum_{j=1}^{m} A_{2,i,j}}{m} \tag{5.5-8}$$

式（5.5-1）~式（5.5-8）中 ψ——受检表面缺陷区域面积与主体区域面积的比值；

β——受检内表面由于热工缺陷所带来的能耗增加比；

T_1——受检表面主体区域（不包括缺陷区域）的平均温度，℃；

T_2——受检表面缺陷区域的平均温度，℃；

$T_{1,i}$——第 i 幅热像图主体区域的平均温度，℃；

$T_{2,i}$——第 i 幅热像图缺陷区域的平均温度，℃；

$A_{1,i}$——第 i 幅热像图主体区域的面积，m^2；

$A_{2,i}$——第 i 幅热像图缺陷区域的面积，m^2，指与 T_1 的温度差大于或等于1℃的点所组成的面积，m^2；

T_0——环境温度，℃；

i——热像图的幅数，$i=1\sim n$；

j——每一幅热像图的张数，$j=1\sim m$。

（4）检测流程

检测流程，见图5.5-1。

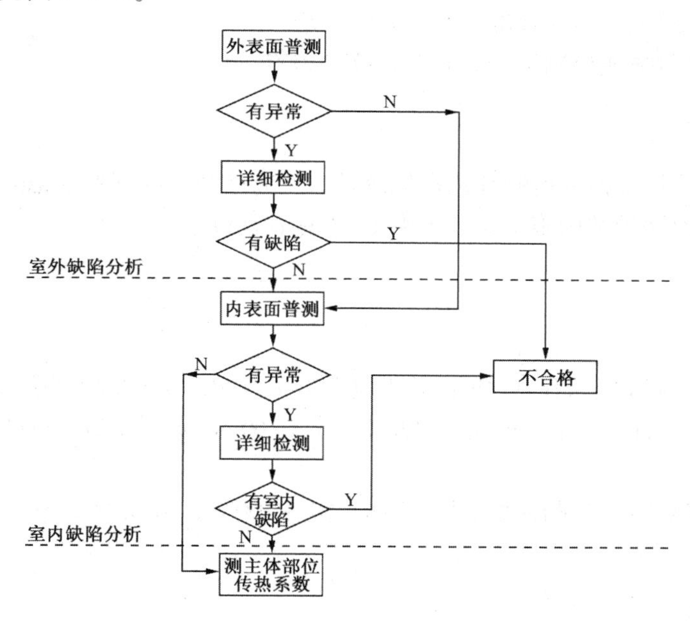

图5.5-1 建筑物外围护结构热工缺陷检测流程

5.5.6 结果评定

（1）受检外表面缺陷区域与主体区域面积的比值应小于20%，且单块缺陷面积应小于 $0.5m^2$。

（2）受检内表面因缺陷区域导致的能耗增加比值应小于5%，且单块缺陷面积应小于 $0.5m^2$。

（3）热像图中的异常部位，宜通过将实测热像图与受检部分的预期温度分布进行比较确定。必要时可采用内窥镜、取样等方法进行确定。

（4）当受检外表面的检测结果满足上述第（1）条规定时，应判为合格，否则应判为不合格。

（5）当受检内表面的检测结果满足上述第（2）条规定时，应判为合格，否则应判为不合格。

5.6 围护结构主体部位传热系数检测

5.6.1 适用范围

适用于建筑物围护结构主体部位传热系数的检测。

5.6.2 试验标准

（1）《建筑物围护结构传热系数及采暖供热量的检测方法》GB/T 23483—2009。

（2）《居住建筑节能检测标准》JGJ/T 132-2009。

（3）《公共建筑节能检测标准》JGJ/T 177-2009。

5.6.3 检测条件

（1）建筑物围护结构的检测宜选在最冷月，且应避开气温剧烈变化的天气。

（2）宜在受检围护结构施工完成至少12个月后进行。

5.6.4 检测设备

（1）热流计。

（2）自动数据采集记录仪：时钟误差不应大于0.5s/d，应支持根据手动采集和定时采集两种数据采集模式，且定时采集周期可以从10min到60min灵活配置，扫描速率不应低于60通道/s。

（3）温度传感器：测量温度范围应为－50～100℃，分辨率为0.1℃，误差不应大于0.5℃。

5.6.5 检测方法

建筑物围护结构传热系数的测定：

（1）测点位置的确定

测量主体部位的传热系数时，测点位置应避免靠近热桥、裂缝和有空气渗漏的部位，不应受加热、制冷装置和风扇的直接影响。被测区域的外表面要避免雨雪侵袭和阳光直射。

（2）热流计和温度传感器的安装

1）热流计应直接安装在被测围护结构的内表面上，且应与表面完全接触；热流计不应受阳光直射。

2）温度传感器应在被测围护结构两侧表面安装。内表面温度传感器应靠近热流计安装，外表面温度传感器宜在与热流计相对应的位置安装。温度传感器连同0.1m长引线应与被测表面紧密接触，温度传感器安装位置不应受到太阳辐射或室内热源的直接影响。

3）检测期间室内空气温度应保持基本稳定，测试时室内空气温度的波动范围在±3K之内，围护结构高温侧表面温度与低温侧表面温度应满足表5.6-1的要求。在检测过程中的任何时刻高温侧表面温度不应高于低温侧表面温度。

4）热流密度和内、外表面温度应同步记录，记录时间间隙不应大于30min，可以取多次采样数据的平均值，采样间隔宜短于传感器最小时间常数的1/2。

温差要求 表5.6-1

K [W/(m²·K)]	T_2-T_1/(K)	K [W/(m²·K)]	T_2-T_1/(K)
$K\geqslant0.8$	≥12	$K<0.4$	≥20
$0.4\leqslant K<0.8$	≥15		

注：其中K为设计值；T_2为测试期间高温侧表面平均温度；T_1为测试期间低温侧表面平均温度。

5.6.6 数据处理

1. 数据分析可采用算术平均法

（1）采用算术平均法进行数据分析时，应按下式计算围护结构的热阻，并符合下列规定。

$$R=\frac{\sum_{j=1}^{n}(T_{ij}-T_{0j})}{\sum_{j=1}^{n}q_j} \tag{5.6-1}$$

式中 R——围护结构的热阻，m²·K/W；

T_{ij}——围护结构内表面温度的第j次测量值，℃；

T_{0j}——围护结构外表面温度的第j次测量值，℃；

q_j——热流密度的第j次测量值，W/m²。

（2）对于轻型围护结构，宜使用夜间采集的数据计算围护结构的热阻。当经过连续四个夜间测量之后，相邻两测量的计算结果相差不大于5%时，即可结束测量。

（3）对于重型围护结构，应使用全天数据计算围护结构的热阻，且只有在下列条件得到满足时方可结束测量。

1）末次R计算值与24h之前的R计算值相差不大于5%。

2）检测期间内第一个周期内与最后一个同样周期内的R计算值相差不大于5%，且每个周期天数采用2/3检测持续天数的取整值。

2. 围护结构的传热系数计算

围护结构的传热系数计算按式（5.6-2）计算：

$$K=1/(R_i+R+R_e) \tag{5.6-2}$$

式中 K——围护结构的传热系数；

R_i——内表面换热阻，按表5.6-2的规定采用；

R_e——外表面换热阻，按表5.6-3的规定采用。

内表面换热系数 a_i 及内表面换热阻 R_i 表5.6-2

适用季节	表面特征	a_i[W/(m^2·K)]	R_i[(m^2·K)/W]
冬季和夏季	墙面、地面、表面平整或有肋状突出物的顶棚，当 $h/s \leq 0.3$ 时	8.7	0.11
	有肋状突出物的顶棚，当 $h/s > 0.3$ 时	7.6	0.18

注：表中 h 为肋高，s 为肋间净距。

外表面换热系数 a_e 及外表面换热阻 R_e 表5.6-3

适用季节	表面特征	a_e[W/(m^2·K)]	R_e[(m^2·K)/W]
冬　季	外墙、屋顶、与室外空气直接接触的表面	23.0	0.04
	与室外空气相通的不供暖地下室上面的楼板	17.0	0.06
	闷顶、外墙上有窗的不供暖地下室上面的楼板	12.0	0.08
	外墙上无窗的不供暖地下室上面的楼板	6.0	0.17
夏　季	外墙和屋顶	19.0	0.05

5.6.7 结果评定

（1）受检围护结构主体部位传热系数应满足设计图纸的规定；当设计图纸未作具体规定时，应符合国家现行有关标准的规定。

（2）当受检围护结构主体部位传热系数的检测结果满足上条规定时，应判为合格，否则应判为不合格。

5.6.8 注意事项

（1）试验结束后应关闭电源，注意清洁和防锈的维护。

（2）环境及设备应保持总体清洁，记录环境温度和相对湿度。

（3）整机长时间停用时，应断开总电源插头，并注意防锈、防尘。

（4）定期对仪器设备进行维护、检定。

（5）如果计算机由于病毒侵染或人为删除某些文件，造成系统无法运行，请恢复系统，重新安装软件。

5.7 外窗现场气密性检测

5.7.1 适用范围

建筑外窗现场气密性的检测。

5.7.2 试验标准

《建筑外窗气密、水密、抗风压性能现场检测方法》JG/T 211—2007。

5.7.3 检验批

每个单位工程的外窗至少抽查3樘。当一个单位工程外窗有两种以上品种、类型和开启方式时，每种品种、类型和开启方式的外窗应抽查不少于3樘。

5.7.4 检测设备

建筑门窗气密性能现场检测设备。

5.7.5 检测方法

1. 试件及检测要求

（1）外窗及连接部位安装完毕达到正常使用状态；

（2）试件选取同窗型、同规格、同型号3樘为一组；

（3）气密检测时的环境条件记录应包括外窗室内外的大气压及温度。当温度、风速、降雨等环境条件影响检测结果时，应排除干扰因素后继续检测，并在报告中注明。

（4）检测过程中应采取必要的安全措施。

2. 试验步骤

（1）气密性能检测前，应测量外窗面积；弧形窗、折线窗应按展开面积计算。从室内侧用厚度不小于0.2mm的透明塑料膜覆盖整个窗范围并沿窗边框处密封，密封膜不应重复使用。在室内侧的窗洞口上安装密封板，确认密封良好。

（2）气密性能检测按以下步骤进行：

1）预备加压：正负压检测前，分别施加3个压差脉冲，压差绝对值为150Pa，加压速度约为50Pa/s。压差稳定作用时间不少于3s，泄压时间不少于1s，检查密封板及透明膜的密封状态。

2）附加渗透量的测定：按图5.7-1气密检测压差顺序图逐级加压，每级压力作用时间约为10s，先逐级正压，后逐级负压。记录各级测量值。附加空气渗透量系指除通过试件本身的空气渗透量以外通过设备和密封板，以及各部分之间连接缝等部位的空气渗透量。

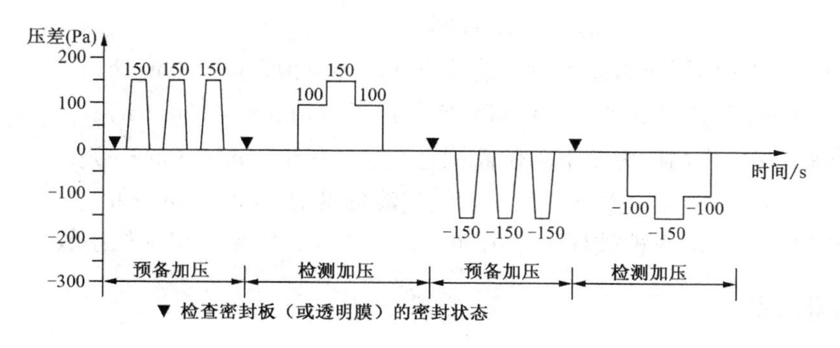

图5.7-1 气密检测压差顺序图

3）总空气渗透量测量：打开密封板检查门，去除试件上所加密封措施薄膜后关闭检查门并密封后进行检测。（检测程序同1）。

3. 结果计算

（1）数据计算

分别计算出升压和降压过程中在100Pa压差下的两个附加渗透量的平均值 $\bar{q}_f$ 和两个总渗透量测定值的平均值 $\bar{q}_z$ 则试件本身100P压力差下的空气渗透量 q_t（m^3/h）即可按式（5.7-1）计算：

$$q_t = \bar{q}_z - \bar{q}_f \tag{5.7-1}$$

然后再利用式（5.7-2）将 q_t 换算成标准状态下的渗透量 q'（m^3/h）值。

$$q' = \frac{293}{101.3} \times \frac{q_t \times P}{T} \tag{5.7-2}$$

式中 q'——标准状态下通过试件空气渗透量值，m^3/h；

P——试验室气压值，kPa；

T——试验室空气温度值，K；

q_t——试件渗透量测定值，m^3/h。

将 q' 值除以试件开启缝长度 l，即可得出在100Pa下，单位开启缝长空气渗透量 q'（$m^3/(m \cdot h)$）值，即式（5.7-3）

$$q_1' = \frac{q'}{l} \tag{5.7-3}$$

或将 q' 值除以试件面积 A，得到在100Pa下，单位面积得空气渗透量 $m^3/(m^2 \cdot h)$ 值，即式（5.7-4）：

$$q_1' = \frac{q'}{A} \tag{5.7-4}$$

正压、负压分别按式（5.7-1）~式（5.7-4）进行计算。

（2）分级指标值的确定

为了保证分级指标值的准确度，采用由100Pa检测压力差下得测定值 $\pm q_1'$ 值或 $\pm q_2'$ 值，按式（5.7-5）或（5.7-6）换算为10Pa检测压力差下的相应值 $\pm q_1$ [$m^3/(m \cdot h)$] 值，或 $\pm q_2$（$m^3/(m^2 \cdot h)$）值。

$$\pm q_1 = \pm q_1'/4.65 \tag{5.7-5}$$

$$\pm q_2 = \pm q_2'/4.65 \tag{5.7-6}$$

式中 q_1'——100Pa作用压力差下单位缝长空气渗透量值，$m^3/(m \cdot h)$；

q_1——10Pa作用压力差下单位缝长空气渗透量值，$m^3/(m \cdot h)$；

q_2'——100Pa作用压力差下单位面积空气渗透量值，$m^3/(m \cdot h)$；

q_2——10Pa作用压力差下单位面积空气渗透量值，$m^3/(m^2 \cdot h)$。

（3）结果取值：取3樘试样 $\pm q_1$ 值和 $\pm q_2$ 值平均，结果保留一位小数。

5.7.6 结果判定

按表5.7-1确定按照缝长和按面积各所属等级。最后取两者中最不利级别为该组试件所属等级。正、负压测值分别定级。

等级分级 表5.7-1

分　　级	1	2	3	4	5
单位缝长分级指标值 q_1 [m^3/(m·h)]	$6.0 \geqslant q_1 > 4.0$	$4.0 \geqslant q_1 > 2.5$	$2.5 \geqslant q_1 > 1.5$	$1.5 \geqslant q_1 > 0.5$	$q_1 \leqslant 0.5$
单位面积分级指标值 q_2 [m^3/(m·h)]	$18 \geqslant q_2 > 12$	$12 \geqslant q_2 > 7.5$	$7.5 \geqslant q_2 > 4.5$	$4.5 \geqslant q_2 > 1.5$	$q_2 \leqslant 1.5$

第6章 建筑节能配套材料

6.1 耐碱网布

6.1.1 适用范围

适用外墙外保温的耐碱网布的断裂强力、耐碱断裂强力保留率、断裂伸长率、单位面积质量的测定。

6.1.2 试验标准

(1)《无机轻集料保温砂浆及系统技术规程》DB33/T 1054—2008。

(2)《膨胀聚苯板薄抹灰外墙外保温系统》JG 149—2003。

(3)《建筑节能工程施工质量验收规范》GB 50411—2007。

6.1.3 检验批

现场复验：墙体节能工程中，同一厂家同一品种的产品，当单位工程建筑面积在 $20000m^2$ 以下时各抽查不少于3次；当单位工程建筑面积在 $20000m^2$ 以上时各抽查不少于6次。

6.1.4 检测设备

(1) 拉力试验机：拉伸速度应满足100±5mm/min，示值最大误差不超过1%；

(2) 天平：测量范围0~50g，最小分度值1g和0.1g；

(3) 电热鼓风干燥箱。

6.1.5 检测方法

1. 单位面积质量

(1) 试验条件：温度23±2℃，相对湿度40%~60%。

(2) 切取1条至少35cm宽的试样作为实验室样本。每50cm宽度取1个 $100cm^2$ 的试样，离开织边至少5cm，试样分开取，最好包括不同的纬纱，取5个试样。

(3) 若含水率超过0.2%（或含水率未知），应将试样置于105±3℃的干燥箱中干燥1h，然后放入干燥器中冷却至室温。

(4) 称取每个试样的质量并记录结果。

(5) 计算，按式(6.1-1)计算：

$$\rho_A = m_s / A \times 10^4 \quad (6.1\text{-}1)$$

式中 ρ_A——试样单位面积质量，g/cm^2；

m_s——试样质量，g；

A——试样面积，cm^2。

（6）单位面积质量的结果为毡和织物整个幅宽上所取试样的测试结果的平均值。对于单位面积质量不小于$200g/cm^2$的毡和织物，结果精确至1g，对于单位面积质量小于$200g/cm^2$的毡和织物，结果精确至0.1g。

2. 断裂强力和断裂伸长率

（1）调湿和试验环境：

温度23±2℃，相对湿度40%～60%，调湿时间为16h或由供需双方商定，采用与调湿环境相同环境试验。

（2）试样制取：

用剪刀、刀或切割轮裁取试样，试样尺寸为长350mm，宽50mm，纬向径向各10片。

（3）测试步骤：

1）在试样两端涂覆树脂形成加强边，以防止试样在夹具内打滑或断裂。

2）将试样固定在夹具内，使中间有效部位的长度为200mm。

3）以100±5mm/min的速度拉伸试样至断裂。

4）记录试样断裂时的力值。

5）如果试样在夹具内打滑或断裂，或试样沿夹具边缘断裂，应舍弃这个结果，重新用另一个试样测试，直至每种试样得到5个有效的测试结果。

注：当试样存在自身缺陷或在试验过程中受到损伤，会产生明显的脆性和测试值出现较大的差异，这样的试样的测试结果应废弃。

（4）断裂伸长率计算，按式（6.1-2）计算：

$$D = D = \Delta L / L \tag{6.1-2}$$

式中 D——断裂伸长率，%；

ΔL——断裂伸长值，mm；

L——试件初始受力长度，mm。

（5）结果表示：计算每个方向（径向和纬向）5个断裂强力的算术平均值，分别作为径向和纬向的断裂强力测定值，用N表示，保留小数点后两位。计算每个方向（径向和纬向）5个断裂伸长的算术平均值，以断裂伸长与起始有效长度的百分率表示，保留两位有效数字，分别作为径向和纬向的断裂伸长率。

3. 耐碱强力保留率

（1）样品制备

《膨胀聚苯板薄抹灰外墙外保温系统》JG 149—2003规定：

1）试样放入23±2℃、浓度为5%的NaOH水溶液中，10片纬向和10片径向试样，在加盖密闭的容器中浸泡时间为28d。

2）取出试样，用自来水浸泡5min，接着用流动的自然水漂洗5min，然后在60±5℃烘箱中烘1h后取出，在试验环境条件下放置至少24h。

浙江省标准《无机轻集料保温砂浆及系统技术规程》DB33/T 1054—2008规定：放入23±2℃、浓度为5%的NaOH水溶液中浸泡（10片纬向和10片径向试样，浸入4L溶液中）28d，取出试样，用蒸馏水将试样上残留的碱溶液冲洗干净，置于温度23±2℃，相对湿度45% ~55%条件下放置7d。

（2）测试步骤同6.1.5节2.（2）。

（3）耐碱拉伸断裂强力保留率应按式（6.1-3）进行计算：

$$B = \frac{F_1}{F_0} \times 100\% \tag{6.1-3}$$

式中 B——耐碱拉伸断裂强力保留率,%；

F_1——耐碱拉伸断裂强力，N/50mm；

F_0——初始拉伸断裂强力，N/50mm。

试验结果分别以经向和纬向5个试样测定值的算术平均值表示，精确至0.1%。

6.1.6 结果评定

1. 按照浙江省标准《无机轻集料保温砂浆及系统技术规程》DB33/T 1054—2008，耐碱网布性能指标，见表6.1-1。

耐碱网布性能指标（DB33/T 1054—2008） 表6.1-1

项 目	单 位	指 标
单位面积质量	g/m^2	≥130
拉伸断裂强力（经、纬向）	N/50mm	≥1000
耐碱断裂强力保留率（经、纬向）	%	≥75
断裂伸长率（经、纬向）	%	≤4.0

2. 按照《膨胀聚苯板薄抹灰外墙外保温系统》JG 149—2003，耐碱网布性能指标，见表6.1-2。

耐碱网布性能指标（JG 149—2003） 表6.1-2

项 目	单 位	指 标
单位面积质量	g/m^2	≥130
耐碱断裂强力（经、纬向）	N/50mm	≥750
耐碱断裂强力保留率（经、纬向）	%	≥50

6.2 玻 纤 网

6.2.1 适用范围

适用外墙外保温玻纤网的耐碱拉伸断裂强力、耐碱拉伸断裂强力保留率、断裂伸长率及单位面积质量的测定。

6.2.2 试验标准

（1）《外墙外保温工程技术规程》JGJ 144—2004。

（2）《无机轻集料砂浆保温系统技术规程》JGJ 253—2011。

（3）《建筑节能工程施工质量验收规范》GB 50411—2007。

6.2.3 检验批

现场复验：墙体节能工程中，同一厂家同一品种的产品，当单位工程建筑面积在 20000m^2 以下时各抽查不少于3次；当单位工程建筑面积在20000m^2 以上时各抽查不少于6次。

6.2.4 检测设备

（1）拉力试验机：拉伸速度应满足100±5mm/min，示值最大误差不超过1%。

（2）天平：称量2kg，分度值0.1g。

（3）电热鼓风干燥箱。

6.2.5 检测方法

1. 单位面积质量

（1）试验条件：温度23±2℃，相对湿度40%~60%。

（2）切取1条至少35cm宽的试样，作为实验室样本。每50cm宽度取1个100cm^2 的试样，离开织边至少5cm，试样分开取，最好包括不同的纬纱，取5个试样。

（3）若含水率超过0.2%（或含水率未知），应将试样置于105±3℃的干燥箱中干燥1h，然后放入干燥器中冷却至室温。

（4）称取每个试样的质量并记录结果。

（5）计算，按式（6.1-1）计算。

（6）单位面积质量的结果为毡和织物整个幅宽上所取试样的测试结果的平均值。对于单位面积质量不小于200g/cm^2 的毡和织物，结果精确至1g，对于单位面积质量小于200g/cm^2 的毡和织物，结果精确至0.1g。

2. 耐碱强力保留率

（1）试样制取：

用剪刀、刀或切割轮裁取试样，试样尺寸为长300mm，宽50mm，纬向径向各20片。

（2）试样制备：

1）首先对10片纬向试样和10片径向试样测定初始拉伸断裂强力。

其余试样放入23±2℃、浓度为5%的NaOH水溶液中浸泡（10片纬向和10片径向试样，浸入4L溶液中）28d。

2）浸泡28d取出试样，用自来水浸泡5min，接着用流动的水漂洗5min，然后在60±5℃烘箱中烘1h后取出，在10~25℃环境条件下放置至少24h后测定耐碱拉伸断裂强力，并计算耐碱拉伸断裂强力保留率。

（3）测试步骤：

1）在试样两端涂覆树脂形成加强边，以防止试样在夹具内打滑或断裂。

2）将试样固定在夹具内，使中间有效部位的长度为200mm。

3）以100±5mm/min的速度拉伸试样至断裂。

4）记录试样断裂时的力值。

5）如果试样在夹具内打滑或断裂，或试样沿夹具边缘断裂，应舍弃这个结果，重新用另一个试样测试，直至每种试样得到5个有效的测试结果。

注：当试样存在自身缺陷或在试验过程中受到损伤，会产生明显的脆性和测试值出现较大的差异，这样的试样的测试结果应废弃。

6）拉伸试验机夹具应夹住试样整个宽度，卡头间距为200mm。加载速度为100±5mm/min，拉伸至断裂并记录断裂时的拉力。试样在卡头中有移动或在卡头处断裂时，其试验值应被剔除。

（4）应用快速法时。《外墙外保温工程技术规程》JGJ 144—2004规定使用混合碱溶液。碱溶液配比如下：0.88gNaOH，3.45gKOH，0.48g$Ca(OH)_2$，1L蒸馏水（pH值12.5）。80℃下浸泡6h。其他步骤同上。

（5）耐碱拉伸断裂强力保留率应按式（6.1-3）进行计算。

试验结果分别以经向和纬向5个试样测定值的算术平均值表示，精确至0.1%。

3. 断裂伸长率

（1）拉伸试验机夹具应夹住试样整个宽度，卡头间距为200mm。加载速度为100±5mm/min，拉伸至断裂记录断裂时的拉力并记录断裂伸长值。试样在卡头中有移动或在卡头处断裂时，其试验值应被剔除。

（2）断裂伸长率计算，按式（6.1-2）计算：

（3）结果表示：计算每个方向（径向和纬向）5个断裂伸长的算术平均值，以断裂伸长与起始有效长度的百分率表示，保留两位有效数字，分别作为径向和纬向的断裂伸长率。

6.2.6 结果评定

1. 按照《外墙外保温工程技术规程》JGJ 144—2004，玻纤网的性能指标，见表6.2-1。

玻纤网的性能指标（JGJ 144—2004）　　表6.2-1

项　目	指　标	项　目	指　标
耐碱拉伸断裂强力（N/50mm）	≥750	耐碱拉伸断裂强力保留率（%）	≥50

2. 按照《无机轻集料砂浆保温系统技术规程》JGJ 253—2011，玻纤网的性能指标，见表6.2-2。

玻纤网的性能指标（JGJ 253—2011）　　表6.2-2

项　目	指标	项　目	指标
单位面积质量（g/m^2）	≥130	断裂伸长率（经、纬向）（%）	≤5.0
耐碱拉伸断裂强力（经、纬向）（N/50mm）	≥750	耐碱断裂强力保留率（经、纬向）（%）	≥50

6.3　耐碱玻纤网

6.3.1　适用范围

适用外墙外保温的耐碱玻纤网的耐碱断裂强力、耐碱断裂强力保留率、断裂伸长率、单位面积质量的测定。

6.3.2　试验标准

（1）《胶粉聚苯颗粒外墙外保温系统材料》JG/T 158—2013。

（2）《建筑节能工程施工质量验收规范》GB 50411—2007。

6.3.3　检验批

现场复验：墙体节能工程中，同一厂家同一品种的产品，当单位工程建筑面积在 20000m² 以下时各抽查不少于 3 次；当单位工程建筑面积在 20000m² 以上时各抽查不少于 6 次。

6.3.4　检测设备

（1）拉力试验机：拉伸速度应满足 100 ±5mm/min，示值最大误差不超过 1%。

（2）天平：测量范围 0 ~ 150g，最小分度值 1g 和 0.1g。

（3）电热鼓风干燥箱。

6.3.5　检测方法

1. 单位面积质量

（1）试验条件：温度 23 ±2℃，相对湿度 40% ~60%。

（2）切取 1 条至少 35cm 宽的试样，作为实验室样本。每 50cm 宽度取 1 个 100cm² 的试样，离开织边至少 5cm，试样分开取，最好包括不同的纬纱，取 5 个试样。

（3）若含水率超过 0.2%（或含水率未知），应将试样置于 105 ±3℃ 的干燥箱中干燥 1h，然后放入干燥器中冷却至室温。

（4）称取每个试样的质量并记录结果。

（5）计算，按式（6.1-1）计算。

（6）单位面积质量的结果为毡和织物整个幅宽上所取试样的测试结果的平均值。对于单位面积质量不小于 200g/cm² 的毡和织物，结果精确至 1g，对于单位面积质量小于 200g/cm² 的毡和织物，结果精确至 0.1g。

2. 断裂伸长率

（1）调湿和试验环境：

温度 23 ±2℃，相对湿度 40% ~60%，调湿时间为 16h 或由供需双方商定，采用与调湿环境相同的环境试验。

（2）试样制取：

用剪刀、刀或切割轮裁取试样，试样尺寸为长350mm，宽50mm，纬向径向各10片。

（3）测试步骤：

1）在试样两端涂覆树脂形成加强边，以防止试样在夹具内打滑或断裂。

2）将试样固定在夹具内，使中间有效部位的长度为200mm。

3）以100±5mm/min的速度拉伸试样至断裂。

4）记录试样断裂时的力值。

5）如果试样在夹具内打滑或断裂，或试样沿夹具边缘断裂，应舍弃这个结果，重新用另一个试样测试，直至每种试样得到5个有效的测试结果。

注：当试样存在自身缺陷或在试验过程中受到损伤，会产生明显的脆性和测试值出现较大的差异，这样的试样的测试结果应废弃。

（4）断裂伸长率计算，按式（6.1-2）计算。

（5）结果表示：计算每个方向（径向和纬向）5个断裂强力的算术平均值，分别作为径向和纬向的断裂强力测定值，用N表示，保留小数点后两位。计算每个方向（径向和纬向）5个断裂伸长的算术平均值，以断裂伸长与起始有效长度的百分率表示，保留两位有效数字，分别作为径向和纬向的断裂伸长率。

3. 耐碱断裂强力和耐碱断裂强力保留率

（1）试样制备

从卷装上裁取30个宽度为50±5mm、长度为600±13mm的试样条，其中15个试样条的长边平行于耐碱玻纤网的经向，另15个试样条的长边平行于耐碱玻纤网的纬向。

分别在每个试样条的两端编号，然后将试样条沿横向从中间一分为二，一半用于测定未经水泥浆液浸泡的拉伸断裂强力，另一半用于测定水泥浆液浸泡后的拉伸断裂强力。

（2）水泥浆液的配制

按质量取1份强度等级42.5的普通硅酸盐水泥与10份水搅拌30min后，静置过夜。取上层澄清液作为试验用水泥浆液。

（3）试验步骤

试验应按下列步骤进行：

1）方法一：在标准试验条件下，将试样平放在水泥浆液中，浸泡时间28d。

方法二（快速法）：将试样平放在80±2℃水泥浆液中，浸泡时间6h。

2）取出试样，用清水浸泡5min，再用流动的自来水漂洗5min，然后在60±5℃烘箱中烘1h，再在标准环境中存放24h。

3）测试步骤：

a. 在试样两端涂覆树脂形成加强边，以防止试样在夹具内打滑或断裂。

b. 将试样固定在夹具内，使中间有效部位的长度为200mm。

c. 以100±5mm/min的速度拉伸试样至断裂。

d. 记录试样断裂时的力值。

e. 如果试样在夹具内打滑或断裂，或试样沿夹具边缘断裂，应舍弃这个结果重新用另一个试样测试，直至每种试样得到5个有效的测试数据。

4）同3）测试同一试样条未经水泥浆液浸泡处理试样拉断断裂强力，经向和纬向各5

个有效的测试数据。

5）试验结果

按式（6.3-1）分别计算经向和纬向试样的耐碱断裂强力：

$$F_C = \frac{C_1 + C_2 + C_3 + C_4 + C_5}{5} \tag{6.3-1}$$

式中 F_C—— 经向或纬向试样的耐碱断裂强力，N；

$C_1 \sim C_5$——分别为5个经水泥浆液浸泡的经向或纬向试样的拉伸断裂强力，N。

按式（6.3-2）分别计算经向和纬向试样的耐碱断裂强力保留率：

$$R_S = \left(\frac{C_1}{U_1} + \frac{C_2}{U_2} + \frac{C_3}{U_3} + \frac{C_4}{U_4} + \frac{C_5}{U_5}\right) \div 5 \times 100\% \tag{6.3-2}$$

式中 R_S—— 拉伸断裂强力保留率；

$C_1 \sim C_5$——分别为5个经水泥浆液浸泡的经向或纬向试样的拉伸断裂强力，N；

$U_1 \sim U_5$——分别为5个未经水泥浆液浸泡的经向或纬向试样的拉伸断裂强力，N。

6.3.6 结果评定

按照《胶粉聚苯颗粒外墙外保温系统材料》JG/T 158—2013，耐碱玻纤网性能指标，见表6.3-1。

耐碱玻纤网性能指标（JG/T 158—2013） 表6.3-1

项目	单位	性能指标	
		普通型（用于涂料饰面工程）	加强型（用于面砖饰面工程）
单位面积质量	g/m²	≥160	≥270
耐碱断裂强力（经、纬向）	N/50mm	≥1000	≥1500
耐碱断裂强力保留率（经、纬向）	%	≥80	≥90
断裂伸长率（经、纬向）	%	≤5.0	≤4.0

6.4 胶 粘 剂

6.4.1 适用范围

适用于膨胀聚苯板薄抹灰外墙外保温系统和墙体保温用聚苯乙烯板胶粘剂的拉伸粘结强度。

6.4.2 试验标准

（1）《墙体保温用膨胀聚苯乙烯板胶粘剂》JC/T 992—2006。

（2）《膨胀聚苯板薄抹灰外墙外保温系统》JG 149—2003。

（3）《建筑节能工程施工质量验收规范》GB 50411—2007。

6.4.3 检验批

出厂检验：

（1）《墙体保温用膨胀聚苯乙烯板胶粘剂》JC/T 992—2006 规定胶粘剂应成批检验，每批由同一配方、同一批原料、同一工艺制造的聚苯板胶粘剂组成。F 型聚苯板胶粘剂每批质量不大于 30t，Y 型聚苯板胶粘剂固体每批质量不大于 30t。

（2）《膨胀聚苯板薄抹灰外墙外保温系统》JG 149—2003 规定胶粘剂应为同一生产时间，同一配料工艺条件制得的产品为一批。由水泥等无机胶凝材料、矿物集料和有机外加剂等组成的粉状产品 30t 为一批；对于由聚合物分散液与填料等组成的膏状产品、双包装及多包装等其他类产品 3t 为一批。

现场复验：同一厂家同一品种的产品，当单位工程建筑面积在 20000m² 以下时各抽查不少于 3 次；当单位工程建筑面积在 20000m² 以上时各抽查不少于 6 次。

6.4.4 检测设备

（1）材料拉力试验机：试验荷载为量程的 20%～80%。

（2）试样成型框：材料为金属或硬质塑料，尺寸如图 6.4-1 所示。

（3）拉伸专用夹具：上夹具、下夹具、拉伸垫板形状及尺寸如图 6.4-2～图 6.4-4 所示。材料为 45 号钢，拉伸专用夹具装配按图 6.4-5 所示进行。

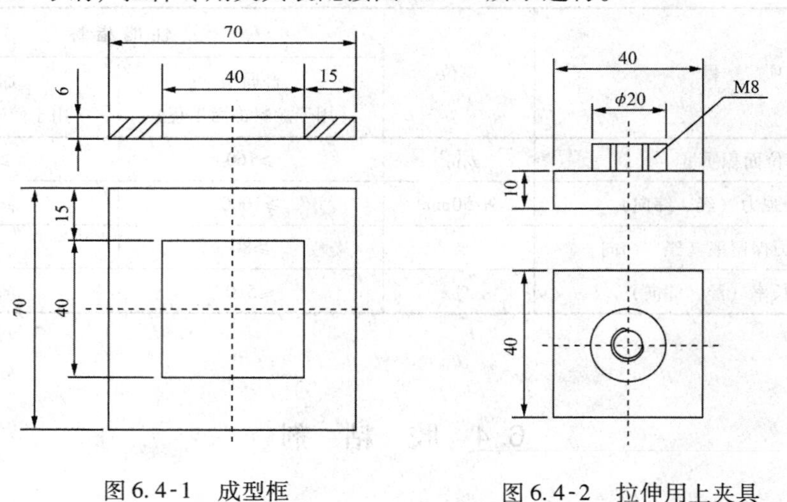

图 6.4-1 成型框　　图 6.4-2 拉伸用上夹具

6.4.5 检测方法

1. 膨胀聚苯板胶粘剂拉伸粘结强度（JC/T 992—2006）

（1）试验材料

1）聚苯板试板：尺寸 70mm×70mm×20mm，表观密度 18.0±0.2kg/m³，垂直于板面方向的抗拉强度不小于 0.10MPa。

2）水泥砂浆试板：尺寸 70mm×70mm×20mm，普通硅酸盐水泥强度等级 42.5，水泥与中砂质量比为 1:3，水灰比为 0.5。试板应在成型后 20～24h 之间脱模，脱模后在 20±2℃水中养护6d，再在试验环境下空气中养护21d，水泥砂浆试板的成型面应用砂纸磨平。

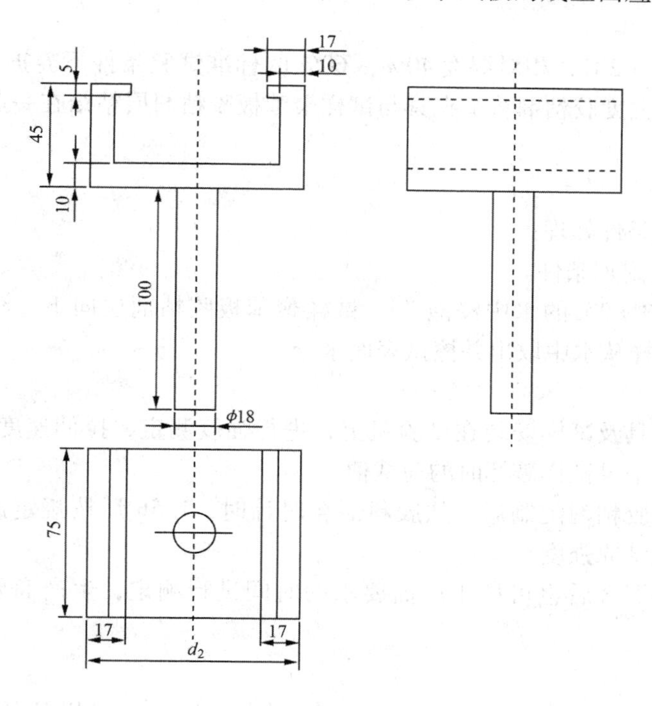

图6.4-3　拉伸用下夹具

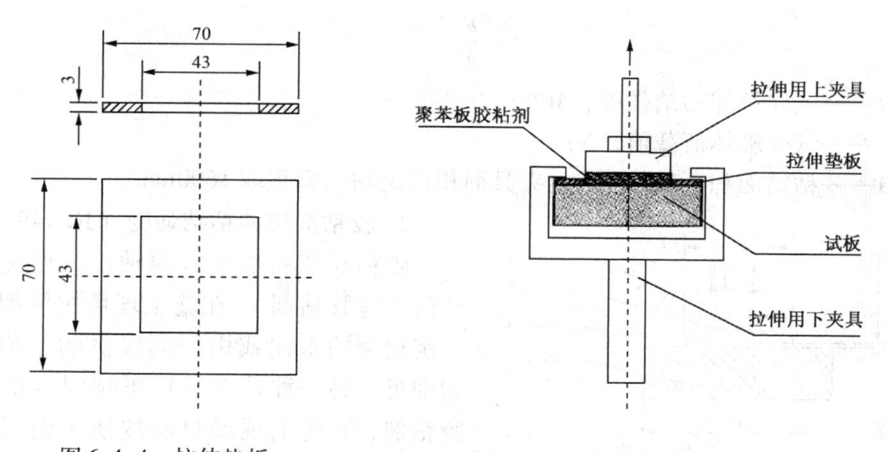

图6.4-4　拉伸垫板

图6.4-5　拉伸专用夹具的装配

3）高强度胶粘剂：树脂胶粘剂，在标准试验条件下固化时间不得大于24h。

（2）试样制备

1）料浆制备

按生产商使用说明书要求配制聚苯板胶粘剂。配制后放置15min使用。

2）成型

根据试验项目确定试板为聚苯板试板或水泥砂浆试板，将成型框放在试板上，将配制好的聚苯板胶粘剂搅拌均匀后填满成型框，用抹灰刀抹平表面，轻轻除去成型框。放置

30min 后，在聚苯板胶粘剂表面盖上聚苯板。每组试样 5 个。

3）养护

试样在温度 23 ±2℃，相对湿度 40% ~60% 的标准试验条件下养护 13d，去掉表面盖着的聚苯板，用高强度胶粘剂将上夹具与试样聚苯板胶粘剂层粘结在一起，在标准试验条件下继续养护 1d。

4）试样处理

将试样按下述条件处理：

a. 原强度：无附加条件。

b. 耐水：在 23 ±2℃的水中浸泡 7d，试样聚苯板胶粘剂层向下，浸入水中的深度为 2 ~10mm，到期试样从水中取出并擦拭表面水分。

5）试验过程

将拉伸专用夹具及试样安装在试验机上，进行强度测定，拉伸速度 5 ±1mm/min，加荷载至试样破坏，记录试样破坏时的荷载值。

注意：聚苯板胶粘剂配制后，从胶料混合时计时，1.5h 后按规定成型、养护并测定与聚苯板的拉伸粘结原强度。

聚苯板胶粘剂混合后也可按生产商要求的时间进行测定，生产商要求的时间不得小于 1.5h。

6）试验结果

拉伸粘结强度按式（6.4-1）计算，试验结果为 5 个试样的算术平均值，精确至 0.01MPa。

$$R = \frac{F}{A} \tag{6.4-1}$$

式中 R——试样拉伸粘结强度，MPa；

F——试样破坏荷载值，N；

A——粘结面积，mm^2，因上夹具面积已定粘结面积取 $1600mm^2$。

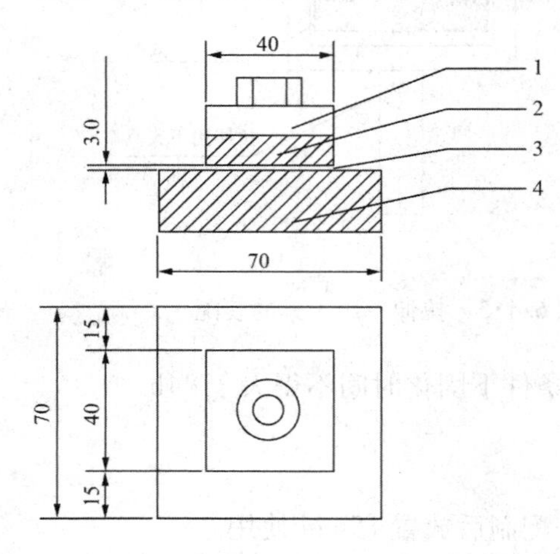

图 6.4-6　试验材料

1—拉伸用钢质夹具；2—水泥砂浆块；3—胶粘剂；4—膨胀聚苯板或砂浆块

2. 胶粘剂拉伸粘结强度（JG 149—2003）

胶粘剂产品形式有两种：一种是在工厂生产的液体胶粘剂，在施工现场按使用说明加入一定比例的水泥或由厂商提供的干粉，搅拌均匀即可。另一种是在工厂里预混合好的干粉状胶粘剂，在施工现场只需按使用说明加入一定比例的拌合用水搅拌均匀即可使用。

（1）试验材料

1）尺寸如图 6.4-6 所示，胶粘剂厚度为 3.0mm，膨胀聚苯板厚度为 20mm。

2）每组试件由 6 块水泥砂浆试块和 6 个水泥砂浆或膨胀聚苯板试块粘结而成。

3）制作：

a. 水泥砂浆试板：制作方法按《水泥胶砂

强度检验方法（ISO 法）》GB/T 17671—1999 规定进行。尺寸 70mm×70mm×20mm，普通硅酸盐水泥强度等级42.5，水泥与中砂质量比为1:3，水灰比为0.5试板应在成型后20~24h之间脱模，脱模后在20±2℃水中养护6d，再在试验环境下空气中养护21d水泥砂浆试板的成型面应用砂纸磨平，备用。

b. 用表观密度为18.0kg/m³的、按规定经过陈化后合格的膨胀聚苯板作为试验用标准板，切割成试验所用尺寸。

c. 按产品说明书制备胶粘剂后粘结试件，粘结厚度为3mm，面积为40mm×40mm，分别制备原强度和耐水拉伸粘结强度的试件各一组，粘结后在试验条件下养护。

4）养护环境：原强度，在标准条件下养护14d；耐水拉伸粘结强度在养护14d后，再在水中养护7d，到期试样从水中取出并擦拭表面水分。

（2）试验过程

将拉伸专用夹具及试样安装在试验机上，进行强度测定，拉伸速度5±1mm/min，加荷至试样破坏。

（3）试验结果

拉伸粘结强度按式（6.4-1）计算，分别记录试样破坏时每个试样的荷载值及破坏界面。并取4个中间值计算算术平均值，精确至0.01MPa。

6.4.6 结果评定

1. 按照《墙体保温用膨胀聚苯乙烯板胶粘剂》JC/T 992—2006，聚苯板胶粘剂拉伸粘结强度性能指标，见表6.4-1。

聚苯板胶粘剂拉伸粘结强度性能指标（JC/T 992—2006）　　**表6.4-1**

试验项目		性能指标
拉伸粘结强度（MPa）（与水泥砂浆）	原强度	≥0.60
	耐水	≥0.40
拉伸粘结强度（MPa）（与聚苯板）	原强度	≥0.10
	耐水	≥0.10

2. 按照《膨胀聚苯板薄抹灰外墙外保温系统》JG 149—2003，胶粘剂性能指标，见表6.4-2。

胶粘剂性能指标（JG 149—2003）　　**表6.4-2**

项目		指标
拉伸粘结强度（MPa）（与水泥砂浆）	原强度	≥0.60
	耐水	≥0.40
拉伸粘结强度（MPa）（与膨胀聚苯板）	原强度	≥0.10，破坏界面在膨胀聚苯板上
	耐水	≥0.10，破坏界面在膨胀聚苯板上

第 7 章 保温材料的燃烧性能

7.1 建筑保温砂浆燃烧性能

7.1.1 适用范围

适用于建筑物墙体保温隔热层用的建筑保温砂浆燃烧性能检测。

7.1.2 试验标准

（1）《建筑保温砂浆》GB/T 20473—2006。

（2）《建筑材料不燃烧性试验方法》GB/T 5464—2010。

（3）《建筑材料及制品燃烧性能分级》GB 8624—2012。

7.1.3 检测设备

1. 加热炉、支架和气流罩

加热炉管由密度为 $2800 \pm 300 kg/m^3$ 的铝矾土耐火材料制成，高 150 ±1mm，内径为 75 ±1mm，壁厚 10 ±1mm。

加热炉管安置在一个有隔热材料制成的高 150mm、壁厚 10mm 的圆柱管的中心部位，并配以带有内凹缘的顶板和底板，以便将加热炉管定位。加热炉管与圆柱管之间的环状空间内应填充适当的保温材料。

加热炉底面连接一个两端开口的倒锥形空气稳流器，其长为 500mm，并从内径为 75 ±1mm 的顶部均匀缩减至内径为 10 ±0. 5mm 的底部。空气稳流器采用 1mm 厚的钢板制作，其内表面应光滑，与加热炉之间的接口处应紧密、不漏气、内表面光滑。空气稳流器的上半部采用一层 25mm 厚的矿棉材料进行外部隔热保温。

气流罩与空气稳流器由相同的材料制成，安装在加热炉顶部。气流罩高 50mm、内径 75 ±1mm，与加热炉的接口处的内表面应光滑。气流罩外部应采用适当的材料进行外部隔热保温。

加热炉、空气稳流器和气流罩三者的组合体安装在稳固的水平支架上。该支架具有底座和气流屏，气流屏用以减少稳流器底部的气流抽力。气流屏高 550mm，稳流器底部高于支座底面 250mm。

2. 试样架和插入装置

试样架采用镍/铬或耐热钢丝制成，试样架底部安有一层耐热金属丝网盘，试样架质量为 15 ±2g。

试样架悬挂在一根外径 6mm、内径 4mm 的不锈钢管制成的支承件底端。

试样架配以适当的插入装置，能平稳地沿加热炉轴线下降，以保证试样在试验期间准确地位于加热炉的几何中心。插入装置为一根金属滑动杆，滑动杆能在加热炉侧面的垂直导槽内自由滑动。

3. 热电偶

应采用丝径为0.3mm，外径为1.5mm的K型热电偶或N型热电偶，其热接点应绝缘且不能接地。

新热电偶在使用前应进行人工老化，以减少其反射性。

炉内热电偶的热接点应距加热炉管壁10±0.5mm，并处于加热炉管高度的中点。可借助于一根固定于气流罩上的导杆，以保持其准确定位，热电偶位置可采用定位杆标定。

4. 接触式热电偶

由规定型号的热电偶构成，并焊接在一个直径10±0.2mm和高度15±0.2mm的铜柱体上。

5. 观察镜

为便于观察持续火焰和保护操作人员的安全，可在试验装置上方不影响试验的位置设置一面观察镜。观察镜为正方形，其边长为300mm，与水平方向呈30°夹角，宜安放在加热炉上方1m处。

6. 稳压器

为一台额定功率不小于1.5kV·A的单向自动稳压器，其电压在从零至满负荷的输出过程中精度应在额定值±1%以内。

7. 调压变压器

控制的最大功率应达1.5kV·A，输出电压应能在零至输入电压的范围内进行线性调节。

8. 电气仪表

应配备电流表、电压表或功率表，以便对加热炉温度进行快速设定。

9. 功率控制器

用来代替稳压器、调压变压器和电器仪表，它的形式是相角导通控制、能输出1.5kV·A的可控硅器件。其最大电压不超过100V，而电流的限量能调节至“100%功率”，即等于电阻带的最大额定值。功率控制器的稳定性应接近1%，设定点的重复性为±1%，在全部设定点范围内，输出功率应呈线性变化。

10. 温度记录仪

温度显示记录仪能测量热电偶输出信号，其精度为1℃或相应的毫伏值，并能生成间隔时间不超过1s的持续记录。

注：记录仪工作量程为10mV，在大约+700℃的测量范围内的测量误差小于±1℃。

11. 计时器

用于记录试验持续时间，其分辨率为1s，精度为1s/h。

12. 干燥皿

用于贮存经状态调节的试样，其大小应容纳一个工作日的试样，或按需要确定。

13. 天平：称量精度为0.01g

7.1.4 检测方法

1. 试样制备

(1) 试样

每种材料制备5个试样。试样为圆柱形，直径45^{0}_{-2}mm，高50±3mm，体积76±8cm^3。

(2) 制备

1) 试样应尽可能代表材料的平均性能并按直径45^{0}_{-2}mm，高50±3mm，体积76 ±8cm^3的圆柱形尺寸制作。

2) 如果材料的厚度不满足50±3mm，则试样的高度可通过叠加该材料的层数并调整每层材料的厚度来保证。试验前每层材料均应在试样架中水平放置，并用两根直径不超过0.5mm的铁丝将各层捆扎在一起，以排除各层间的气隙，但不应施加显著的压力。

(3) 状态调节

试样应在60±5℃的通风干燥箱内调节20～24h，并将其置于干燥皿中冷却至室温。试验前，应称量每个试样的质量，精确至0.01g。

2. 试验前准备程序

(1) 试验环境：试验装置不应设在风口，也不应受到任何形式的强烈日照或人工光照，以利于对炉内火焰的观察。试验过程中室温变化不应超过+5℃。

(2) 试样架：将试样架及其支承件从炉内移开。

(3) 热电偶：炉内热电偶应按照前面热电偶的规定布置，通过补偿导线连接到温度记录仪上。

(4) 电源：将加热炉管的电热线圈连接到调压变压器和电器仪表或功率控制器、稳压器上。试验期间，不得使用加热炉自动恒温控制。

注：在稳定条件下，电压约100V时，加热线圈通过约9～10A的电流。为避免电热线圈过载，建议最大电流不超过11A，对新的加热炉管，开始时应慢慢加热，加热炉升温的合理程序，是以约200℃分段，每个温度区段加热2h。

(5) 炉内温度平衡：调节加热炉的输入功率，使炉内热电偶测试的炉内温度平均值平衡在750±5℃至少10min，其温度漂移在10min内不超过2℃，并要求相对平均温度的最大偏差在10min内不超过10℃，并对温度作连续记录。

3. 检测程序

(1) 试验装置应符合调整过程的有关规定，并按照炉内温度中的有关规定稳定炉温。

(2) 试验开始应确保整台装置处于良好的工作状态，如空气稳流器整洁畅通、插入装置能平稳滑动、试样架准确位于炉内的规定位置。

(3) 将一个按规定制备并经状态调节好的试样放入试样架内，试样架悬挂在支承件上并确保试样热电偶处于规定的准确位置。

(4) 将试样架放入炉内的规定位置，这一操作时间不超过5s；试样一放入炉内，立即启动计时器。

(5) 记录试验过程中炉内热电偶测得的温度。

(6) 试验通常进行30min。如果炉内温度在30min时达到了最终温度平衡，即由热电偶测得的温度在10min内漂移不超过2℃时，即可停止试验。如果30min内未达到温度平衡则应继续试验；同时每隔5min检查是否达到最终温度平衡。当炉内温度达到最终温度平衡或试验时间达到60min时应结束试验。记录试验的持续时间。然后，从加热炉内取出试样架。试验的结束时间为最后一个5min的结束时刻或60min。

（7）收集试验时和试验后试样碎裂或掉落的所有碳化物、灰和其他残屑，同试样一起放在干燥皿中冷却至环境温度后称量试样的残留质量。按以上的程序测试全部5个试样。

4. 试验期间的观察

（1）在试验前和试验后分别记录每组试样的质量并观察记录试验期间试样的燃烧行为。

（2）记录发生的持续火焰及其持续时间，精确到秒。试样可见表面上产生持续5s或更长时间的连续火焰才应视作持续火焰。

（3）记录由相应热电偶测得的炉内最高温度 T_m 和炉内最终温度 T_f，以℃为单位。T_m 为整个实验期间最高温度的离散值，T_f 为试验过程最后1min的温度平均值。

5. 试验结果表述

（1）温升

炉内温升 $\Delta T = T_m - T_f$ 计算并记录5个试样的炉内温升的算术平均值。

（2）火焰

1）记录持续火焰持续时间的总和，以秒为单位。

2）计算并记录5个试样持续火焰的持续时间。

（3）质量损失

1）计算并记录每个试样的质量损失，以试样初始质量的百分数表示。

2）计算并记录5个试样质量损失的算术平均值。

7.1.5 结果评定

对于墙面保温材料及制品，根据上面试验结果表述中炉内温升、质量损失率、持续燃烧时间来分级。建筑保温砂浆的燃烧性能级别Ⅰ型、Ⅱ型均应符合《建筑材料及制品燃烧性能分级》GB 8624规定的A级要求。GB 8624—2012燃烧性能等级和判定依据如下；炉内温升 $\Delta T \leqslant 30℃$；质量损失率 $\Delta m \leqslant 50\%$；持续燃烧时间 $t_f = 0$ 可判定为符合A级要求，否则为不符合。

7.2 无机轻集料保温砂浆燃烧性能

7.2.1 适用范围

适用于建筑物墙体保温隔热层用的无机轻集料保温砂浆燃烧性能检测。

7.2.2 试验标准

（1）《建筑材料不燃烧性试验方法》GB/T 5464—2010。

（2）《无机轻集料保温砂浆及系统技术规程》DB33/T 1054—2008。

（3）《无机轻集料砂浆保温系统技术规程》JGJ 253—2011。

（4）《建筑材料及制品的燃烧性能燃烧热值得测定》GB/T 14402—2007/ISO1716：2002。

（5）《建筑材料及制品燃烧性能分级》GB 8624—2012。

7.2.3 检测设备

1. 加热炉、支架和气流罩

加热炉管由密度为2800±300kg/m³ 的铝矾土耐火材料制成，高150±1mm，内径为75±1mm，壁厚10±1mm。

加热炉管安置在一个有隔热材料制成的高150mm、壁厚10mm的圆柱管的中心部位，并配以带有内凹缘的顶板和底板，以便将加热炉管定位。加热炉管与圆柱管之间的环状空间内应填充适当的保温材料。

加热炉底面连接一个两端开口的倒锥形空气稳流器，其长为500mm，并从内径为75±1mm的顶部均匀缩减至内径为10±0.5mm的底部。空气稳流器采用1mm厚的钢板制作，其内表面应光滑，与加热炉之间的接口处应紧密、不漏气、内表面光滑。空气稳流器的上半部采用一层25mm厚的矿棉材料进行外部隔热保温。

气流罩与空气稳流器由相同的材料制成，安装在加热炉顶部。气流罩高50mm、内径75±1mm，与加热炉的接口处的内表面应光滑。气流罩外部应采用适当的材料进行外部隔热保温。

加热炉、空气稳流器和气流罩三者的组合体安装在稳固的水平支架上。该支架具有底座和气流屏，气流屏用以减少稳流器底部的气流抽力。气流屏高550mm，稳流器底部高于支座底面250mm。

2. 试样架和插入装置

试样架采用镍/铬或耐热钢丝制成，试样架底部安有一层耐热金属丝网盘，试样架质量为15±2g。

试样架悬挂在一根外径6mm、内径4mm的不锈钢管制成的支承件底端。

试样架配以适当的插入装置能平稳地沿加热炉轴线下降，以保证试样在试验期间准确地位于加热炉的几何中心。插入装置为一根金属滑动杆，滑动杆能在加热炉侧面的垂直导槽内自由滑动。

3. 热电偶

应采用丝径为0.3mm，外径为1.5mm的K型热电偶或N型热电偶，其热接点应绝缘且不能接地。

新热电偶在使用前应进行人工老化，以减少其反射性。

炉内热电偶的热接点应距加热炉管壁10±0.5mm，并处于加热炉管高度的中点。可借助于一根固定于气流罩上的导杆，以保持其准确定位，热电偶位置可采用定位杆标定。

4. 接触式热电偶

由规定型号的热电偶构成，并焊接在一个直径10±0.2mm和高度15±0.2mm的铜柱体上。

5. 观察镜

为便于观察持续火焰和保护操作人员的安全，可在试验装置上方不影响试验的位置设置一面观察镜。观察镜为正方形，其边长为300mm，与水平方向呈30°夹角，宜安放在加热炉上方1m处。

6. 稳压器

为一台额定功率不小于1.5kV・A的单向自动稳压器，其电压在从零至满负荷的输出过程中精度应在额定值±1%以内。

7. 调压变压器

控制的最大功率应达1.5kV・A，输出电压应能在零至输入电压的范围内进行线性调节。

8. 电气仪表

应配备电流表、电压表或功率表，以便对加热炉温度进行快速设定。

9. 功率控制器

用来代替稳压器、调压变压器和电器仪表，它的形式是相角导通控制、能输出1.5kV・A的可控硅器件。其最大电压不超过100V，而电流的限量能调节至“100%功率”，即等于电阻带的最大额定值。功率控制器的稳定性应接近1%，设定点的重复性为±1%，在全部设定点范围内，输出功率应呈线性变化。

10. 温度记录仪

温度显示记录仪能测量热电偶输出信号，其精度为1℃或相应的毫伏值，并能生成间隔时间不超过1s的持续记录。

注：记录仪工作量程为10mV，在大约+700℃的测量范围内的测量误差小于±1℃。

11. 计时器

用于记录试验持续时间，其分辨率为1s，精度为1s/h。

12. 干燥皿

用于贮存经状态调节的试样，其大小应容纳一个工作日的试样，或按需要确定。

13. 天平：称量精度为0.01g。

7.2.4 标准《无机轻集料砂浆保温系统技术规程》JGJ 253—2011规定检测方法

1. 试样制备

（1）试样

每种材料制备5个试样。试样为圆柱形，直径45^{0}_{-2}mm，高50±3mm，体积76±8cm^3。

（2）制备

1）试样应尽可能代表材料的平均性能并按直径45^{0}_{-2}mm，高50±3mm，体积76±8cm^3的圆柱形尺寸制作。

2）如果材料的厚度不满足50±3mm，则试样的高度可通过叠加该材料的层数并调整每层材料的厚度来保证。试验前每层材料均应在试样架中水平放置，并用两根直径不超过0.5mm的铁丝将各层捆扎在一起，以排除各层间的气隙，但不应施加显著的压力。

（3）状态调节

试样应在60±5℃的通风干燥箱内调节20～24h，并将其置于干燥皿中冷却至室温。试验前，应称量每个试样的质量，精确至0.01g。

2. 试验前准备程序

（1）试验环境：试验装置不应设在风口，也不应受到任何形式的强烈日照或人工光照，以利于对炉内火焰的观察。试验过程中室温变化不应超过+5℃。

（2）试样架：将试样架及其支承件从炉内移开。

（3）热电偶：炉内热电偶应按照前面热电偶的规定布置，通过补偿导线连接到温度记录仪上。

（4）电源：将加热炉管的电热线圈连接到调压变压器和电器仪表或功率控制器、稳压器上。试验期间，不得使用加热炉自动恒温控制。

注：在稳定条件下，电压约100V时，加热线圈通过约9～10A的电流。为避免加热线圈过载，建议最大电流不超过11A，对新的加热炉管，开始时应慢慢加热，加热炉升温的合理程序是以约200℃分段，每个温度区段加热2h。

（5）炉内温度平衡：调节加热炉的输入功率，使炉内热电偶测试的炉内温度平均值平衡在750±5℃至少10min，其温度漂移在10min内不超过2℃，并要求相对平均温度的最大偏差在10min内不超过10℃，并对温度做连续记录。

3. 检测程序

（1）试验装置应符合调整过程的有关规定并按照炉内温度中的有关规定稳定炉温。

（2）试验开始应确保整台装置处于良好的工作状态，如空气稳流器整洁畅通、插入装置能平稳滑动、试样架准确位于炉内的规定位置。

（3）将一个按规定制备并经状态调节好的试样放入试样架内，试样架悬挂在支承件上并确保试样热电偶处于规定的准确位置。

（4）将试样架放入炉内的规定位置，这一操作时间不超过5s；试样一放入炉内，立即启动计时器。

（5）记录试验过程中炉内热电偶测得的温度。

（6）试验通常进行30min。如果炉内温度在30min时达到了最终温度平衡，即由热电偶测得的温度在10min内漂移不超过2℃时，即可停止试验。如果30min内未达到温度平衡则应继续试验；同时每隔5min检查是否达到最终温度平衡。当炉内温度达到最终温度平衡或试验时间达到60min时结束试验。记录试验的持续时间。然后，从加热炉内取出试样架。试验的结束时间为最后一个5min的结束时刻或60min。

（7）收集试验时和试验后试样碎裂或掉落的所有碳化物、灰和其他残屑，同试样一起放在干燥皿中冷却至环境温度后称量试样的残留质量。按以上的程序测试全部5个试样。

4. 试验期间的观察

（1）在试验前和试验后分别记录每组试样的质量并观察记录试验期间试样的燃烧行为。

（2）记录发生的持续火焰及其持续时间，精确到秒。试样可见表面上产生持续5s或更长时间的连续火焰才应视作持续火焰。

（3）记录由相应热电偶测得的炉内最高温度 T_m 和炉内最终温度 T_f，以℃为单位。T_m 为整个试验期间最高温度的离散值，T_f 为试验过程最后1min的温度平均值。

5. 试验结果表述

（1）温升：

炉内温升 $\Delta T = T_m - T_f$ 计算并记录5个试样的炉内温升的算术平均值。

（2）火焰

1）记录持续火焰持续时间的总和，以秒为单位。

2）计算并记录5个试样持续火焰的持续时间。

（3）质量损失

1）计算并记录每个试样的质量损失，以试样初始质量的百分数表示。

2）计算并记录5个试样质量损失的算术平均值。

6. 结果评定

对于墙面保温材料及制品，根据上面试验结果表述中炉内温升、质量损失率、持续燃烧时间来分级。《无机轻集料砂浆保温系统技术规程》JGJ 253—2011 的燃烧性能级别Ⅰ型、Ⅱ型、Ⅲ型均应符合《建筑材料及制品燃烧性能分级》GB 8624 规定的 A2 级要求。《建筑材料及制品燃烧性能分级》GB 8624—2012 燃烧性能等级和判定依据如下：炉内温升 $\Delta T \leqslant 50℃$；质量损失率 $\Delta m \leqslant 50\%$；持续燃烧时间 $t_f \leqslant 20s$ 可判定为合格，否则为不合格。

7.2.5 《无机轻集料保温砂浆及系统技术规程》DB33/T 1054—2008 标准规定检测方法

无机轻集料保温砂浆 A 型、B 型、C 型除应进行上述试验外，符合《建筑材料及制品燃烧性能分级》GB 8624 规定的 A1 级要求（炉内温升 $\Delta T \leqslant 30℃$；质量损失率 $\Delta m \leqslant 50\%$；持续燃烧时间 $t_f = 0$）。还要进行燃烧值的测定，且满足总热值 PCS ≤ 2.0MJ/kg。具体如下：

1. 仪器设备

（1）量热弹

量热弹应满足下列要求：

1）容量 300 ± 50mL。

2）质量不超过 3.25kg。

3）弹桶厚度至少是弹桶内径的 1/10。

盖子用来容放坩埚和电子点火装置。盖子以及所有的密封装置应能承受 21MPa 的内压。

弹桶内壁应能承受样品燃烧产物的侵蚀，即使对硫磺进行试验，弹桶内壁也应能够抵制燃烧产生的酸性物质所带来的点腐蚀和晶间腐蚀。

（2）量热仪

1）量热仪外筒

量热仪外筒应是双层容器，带有绝热盖，内外壁之间填充有绝热材料。外筒充满水。外筒内壁与量热仪四周至少有 10mm 的空隙。应尽可能以接触面积最小的 3 点来支撑弹桶。

对于绝热量热系统，加热器和温度测量系统应组合起来安装在筒内，以保证外筒水温与量热仪内筒水温相同。

对于等温量热系统，外筒水温应保持不变，有必要对等温量热仪的温度进行修正。

2）量热仪内筒

量热仪内筒是磨光的金属容器，用来容纳氧弹。量热仪内筒的尺寸应能使氧弹完全浸入水中。

3）搅拌器

搅拌器应由恒定速度的马达带动。为避免量热仪内的热量传递，在搅拌轴同外桶盖和外桶之间接触的部位，应使用绝热垫片隔开。可选用具有相同性能的磁力搅拌装置。

（3）温度测量装置

温度测量装置分辨率为0.005K。

如果使用水银温度计，分度值至少精确到0.01K，保证读数在0.005K内，并使用机械振动器用来轻叩温度计，保证水银柱不粘结。

（4）坩埚

坩埚应由金属制成，如铂金、镍合金、不锈钢，或硅石。坩埚的底部平整，直径25mm（切去了顶端最大尺寸），高14～19mm。建议使用下列壁厚的坩埚。

1）金属坩埚：壁厚1.0mm；

2）硅石坩埚：壁厚1.5mm。

（5）计时器

计时器用于记录试验时间，精确到秒，精度为1s/h。

（6）电源

点火电路的电压不能超过20V。电路上应装有电表用来显示点火丝是否断开。断路开关是供电回路的一个重要附属装置。

（7）压力表和针阀

压力表和针阀要安装在氧气供应回路上，用来显示氧弹在充氧时的压力，精确到0.1MPa。

（8）天平

需要两个天平：

1）分析天平：精度为0.1mg。

2）普通天平：精度为0.1g。

（9）制备“香烟”装置

制备“香烟”的装置由一个模具和金属轴（不能使用铝制作）组成。

（10）制丸装置

如果没有提供预制好的丸状样品，则需要使用制丸装置。

（11）试剂

1）蒸馏水或去离子水。

2）纯度≥99.5%的去除其他可燃物质的高压氧气（由电解产生的氧气可能含有少量的氢，不适用于该试验）。

3）被认可且表明热值的苯甲酸粉和苯甲酸丸片可作为计量标准物质。

4）助燃物采用已知热值的材料，比如石蜡油。

5）已知热值的“香烟纸”应予先粘好，且最小尺寸为55mm×50mm，可将市面上买来的55mm×100mm的“香烟纸”裁成相等的两片来用。

6）点火丝为直径0.1mm的纯铁铁丝，也可使用其他类型的金属丝，只要在点火回路合上时，金属丝会因张力而断开，且燃烧热是已知的。使用金属坩埚时，点火丝不能接触坩埚，建议最好将金属丝用棉线缠绕。

7）棉线以白色棉纤维制成。

2. 试样

（1）概述

应对制品的每个组分进行评价，包括次要组分。如果非匀质制品不能分层，则需单独提供制品的各组分。如果制品可以分层，那么分层时，制品的每个组分应于其他组分完全分离，相互不能粘附有其他成分。

（2）制样

1）概述

样品应具有代表性，对匀质制品或非匀质制品的被测组分，应任意截取至少5块样块作为试样，若被测组分为匀质制品或非匀质制品的主要成分，则样块的最小质量为50g。

2）松散填充材料

从制品上任意截取最小质量为50g的样块作为试样。

3）含水产品

将制品干燥后，任意截取最小质量为10g的样块作为试样。

（3）研磨

将样品逐次研磨得到粉末状的试样。在研磨的时候不能有热分解发生。样品要采用交错研磨的方式进行研磨。如果样品不能研磨，则可采用其他方式将样品制成小颗粒或片材。

（4）试样类型

通过研磨得到细粉末样品，应以坩埚法制备试样。如果通过研磨不能得到细粉末样品，或以坩埚试验时试件不能完全燃烧，则应采用“香烟法”制备试样。

（5）试样数量

按标准试样试验程序的规定，应对3个试样进行试验。如果试验结果不能满足有效性的要求，则需对另外2个试样进行试验。按分级体系的要求，可以进行多于3个试样的试验。

（6）质量测定

称量下述样品，精确到0.1mg。

1）被测材料0.5g；

2）苯甲酸0.5g；

3）必要时应称取点火丝、棉线和“香烟”纸。

（7）坩埚试验

试验步骤如下：

1）将已称量的试样和苯甲酸的混合物放入坩埚中；

2）将已称量的点火丝连接到两个电极上；

3）调节点火丝的位置，使之与坩埚中的试样良好接触。

（8）香烟试验

试验步骤如下：

1）调节已称量的点火丝下垂到心轴的中心。

2）用已称量的“香烟纸”将心轴包裹，并将其边缘重叠处用胶水粘结。如果“香烟纸”已粘结，则不需要再次粘结。两端留出足够的纸，使其和点火丝拧在一起。

3）将纸和心轴下端的点火丝拧在一起放入模具中，点火丝要穿出模具的底部。

4）移出心轴。

5）将已称量的试样和苯甲酸的混合物放入“香烟纸”。

6）从模具中拿出装有试样和苯甲酸的混合物“香烟纸”，分别将“香烟纸”的两端扭在一起。

7）称量“香烟”状样品，确保总量和组成成分的质量之差不能超过10mg。

8）将“香烟”状样品放入坩埚。

（9）状态调节

试验前，应将粉末试样、苯甲酸和“香烟纸”按照温度条件23±2℃和相对湿度为45%～55%的规定条件下放置不少于48h，直至达到恒定质量。

3. 测定步骤

（1）概述

试验应在标准试验条件下进行，实验室内温度要保持稳定。对于手动装置，房间内的温度和量热筒内水温的差异不能超过±2K。

（2）校准步骤

1）水当量的测定

量热仪，氧弹及其附件的水当量E（MJ/K）可通过对5组质量为0.4～1.0g的标准苯甲酸样品进行总热值测定来进行标定，标定步骤如下：

a. 压缩已称量的苯甲酸粉末，用制丸装置将其制成小丸片，或使用预制的小丸片。预制的苯甲酸小丸片的燃烧值同试验时标准苯甲酸粉末的燃烧值一致时，才能将预制的小丸片用于试验。

b. 称量小丸片，精确到0.1mg。

c. 将小丸片放入坩埚。

d. 将点火丝连接到两个电极。

e. 将已称量的点火丝接触到小丸片。

按标准试验程序试验。水当量E应为5次标定结果的平均值，以MJ/K表示。每次标定结果与水当量E的偏差不能超过0.2%。

2）重复标定的条件

在规定周期内，或不超过两个月，或系统部件发生了显著变化时，应按水当量测定的规定进行标定。

（3）标准试验程序

1）检查两个电极和点火丝，确保其接触良好，在氧弹中倒入10mL的蒸馏水，用来吸收在试验过程中产生的酸性气体。

2）拧紧氧弹密封盖，连接氧弹和氧气瓶阀门，小心开启氧气瓶，给氧弹充氧至压力达到3.0～3.5MPa。

3）将氧弹放入量热仪内筒。

4）在量热仪内筒注入一定量的蒸馏水，使其能够淹没氧弹，并对其进行称量。所用水量应和校准过程中所用的水量相同，精确到1g。

5）检查并确保氧弹没有泄漏（没有气泡）。

6）将量热仪内筒放入外筒。

7）步骤如下：

a. 安装温度测定装置，开启搅拌器和计时器。

b. 调节内筒水温，使其和外筒水温基本相同。每隔1min应记录一次内筒水温。调节内筒水温，直到10min内的连续读数偏差不超过±0.01K。将此时的温度作为起始温度（T_i）。

c. 接通电流回路，点燃样品。

d. 对绝热量热仪来说：在量热仪内筒快速升温阶段，外筒的水温应与内筒的水温尽量保持一致；其最高温度相差不能超过±0.01K。每隔1min应记录一次内筒水温。直到10min内的连续读数偏差不超过±0.01K。将此时的温度作为最高温度（T_m）。

8）从量热仪中取出氧弹，放置10min后缓慢泄压。打开氧弹。如氧弹中无煤烟状沉淀物，且坩埚上无残留碳，便可确定试样发生了完全燃烧。清洗并干燥氧弹。

9）如果采用坩埚法确定进行试验时，试样不能完全燃烧，则采用“香烟”法重新进行试验。如果采用“香烟”法进行试验，试样同样不能完全燃烧，则继续采用“香烟”法重复试验。

4. 试验结果表述

（1）手动测试设备的修正

按照温度计的校准证书，根据温度计的伸入长度，对测试的所有温度进行修正。

（2）等温量热仪的修正

因为同外界有热交换，因此有必要对温度进行修正（见注1、注2、注3）。

注1：如果使用了绝热护套，那么温度修正值为0；

注2：如果采用了自动装置，且自动进行了修正，那么温度修正值为0；

注3：附录给出了用于计算的制图法。

按如式（7.2-1）进行修正：

$$C = (t - t_1) \times T_2 - t_1 \times T_1 \tag{7.2-1}$$

式中 t——从主期采样开始到出现最高温度时的一段时间，最高温度出现的时间是指温度停止升高并开始下降时间的平均值，s；

t_1——从主期采样开始到温度达到总温升值（$T_m - T_1$）6/10时刻的这段时间，这些时刻的计算是在相互两个最相近的读数之间通过插值获得，s；

T_1——末期采样阶段温度每分钟下降的平均值；

T_2——初期采样阶段温度每分钟增长的平均值。

差异通常与量热仪过热有关。

（3）试样燃烧总热值的计算

计算试样燃烧的总热值时，应在恒容的条件下进行，由式（7.2-2）计算得出，以MJ/kg表示。对于自动测试仪，燃烧总热值可以直接获得，并作为试验结果。

$$PCS = \frac{E(T_m - T_i + C) - b}{m} \tag{7.2-2}$$

式中 PCS——总热值，MJ/kg；

E——量热仪、氧弹及其附属件以及氧弹中充入水的水当量，MJ/K；

T_i——起始温度，K；

T_m——最高温度，K；

b——试验时所用助燃物燃烧热值的修正值，MJ。如点火丝、棉线、“香烟纸”、苯甲酸或其他助燃物。

除非棉线、“香烟纸”或其他助燃物的燃烧值是已知的，否则都应测定。按照坩埚试验的规定制备试样，按照标准试验程序的规定进行试验。

各种点火丝的热值如下：

镍铬合金点火丝：1.403MJ/kg；

铂金点火丝：0.419MJ/kg；

纯铁点火丝：7.490MJ/kg。

C——与外部进行热交换的温度修正值，K。使用了绝热护套的修正值为0；

m——试样的质量，kg。

（4）产品燃烧总热值的计算

1）概述

对于燃烧发生吸热反应的制品或组件，得到的 *PCS* 值可能会是负值。

采用以下步骤计算制品的 *PCS* 值：

首先，确定非匀质制品的单个成分的 *PCS* 值或匀质材料的 *PCS* 值。如果 3 组试验结果均为负值，则在试验结果中应注明，并给出实际结果的平均值。

例：-0.3、-0.4、+0.1 平均值为 -0.2。

对于匀质制品，以这个平均值作为制品的 *PCS* 值；对于非匀质制品，应考虑每个组分的 *PCS* 平均值。若某一组分的热值为负值，在计算试样总热值时可将该值设为 0。金属成分不需要测试，计算时将其热值设为 0。

如 4 个成分的热值各为 -0.2，15.6，6.3，-1.8。

负值设为 0，即为 0，15.6，6.3，0。

由这些值计算制品的 *PCS* 值。

2）匀质制品

a. 对于一个单独的样品，应进行 3 次试验。如果单个值的离散符合判定依据要求，则试验有效，该制品的热值为这 3 次测试结果的平均值。

b. 如果这 3 次试验的测试值偏差不在判定依据要求的规定值范围之内，则需要对同一制品的两个备用品进行测试。在这 5 个试验结果中，去除最大值和最小值，用余下的 3 个值按匀质制品 a. 中的规定计算试样的总热值。

c. 如果测试结果的有效性不满足匀质制品 a. 中的规定要求，则应重新制备试样，并重新进行试验。

d. 如果分级试验中需要对两个备用试样（已做完 3 组试样）进行试验时，则应按匀质制品 b. 中的规定准备 2 备用个试样，即使说对同一制品，最多对 5 个试样进行试验。

5. 结果评定：A 型、B 型、C 型除应符合 GB 8624 规定的 A1 级要求（炉内温升 $\Delta T \leqslant 30℃$；质量损失率 $\Delta m \leqslant 50\%$；持续燃烧时间 $t_f = 0$）。还要满足总热值 $PCS \leqslant 2.0MJ/kg$。

7.3 绝热用模塑聚苯乙烯泡沫塑料燃烧性能

7.3.1 适用范围

适用于绝热用模塑聚苯乙烯泡沫塑料燃烧性能的检测。

7.3.2 试验标准

《绝热用模塑聚苯乙烯泡沫塑料》GB/T 10801.1—2002。

7.3.3 氧指数法

1. 检测设备

氧指数仪：

氧指数仪。它包括燃烧筒、试样夹、流量测量和控制系统。

1）燃烧筒

最小内径75mm、高450mm、顶部出口的内径为40mm的耐热玻璃管，垂直固定在可通过氧、氮混合气流的基座上。底部用直径为3～5mm的玻璃珠充填，充填高度为80～100mm。在玻璃珠的上方装有金属网，以防下落的燃烧碎片阻塞气体入口和配气通路。

2）试样夹（它包括自撑材料和非自撑材料）。

a. 自撑材料的试样夹

能固定在燃烧筒轴心位置上，并能垂直夹住试样的构件。

b. 非自撑材料的试样夹

采用一个长140mm，外宽50mm，内宽38mm带把柄的U型框架，将试样的两个垂直边同时固定在框架上。

3）流量测量和控制系统

能测量进入燃烧筒的气体流量，控制精度在±5%（*V/V*）之内的流量测量和控制系统，至少两年校正一次。

设备校正见本小节5.1。

4）气源

用《工业氧》GB/T 3863中所规定的氧和《工业氮》GB/T 3864中所规定的氮及所需的氧、氮气钢瓶和调节装置。气体使用的压力不低于1MPa。

5）点火器

由一根金属管制成，尾端有内径为2±1mm的喷嘴，能插入燃烧筒内点燃试样。通以未混有空气的丙烷，或丁烷、石油液化气、煤气、天然气等可燃气体。点燃后，当喷嘴垂直向下时，火焰的长度为16±4mm。

注：仲裁试验时，须以未混有空气的丙烷作为点燃气体。

6）排烟系统

能排除燃烧产生的烟尘和灰粒，但不应影响燃烧筒中的温度和气体流速。

7）计时装置

具有±0.25s精度的计时器。

2. 试样

（1）取样

按产品标准或《计数抽样检验程序》GB/T 2828的有关规定取样。

（2）试样制备

按产品标准的有关规定或按《塑料　热固性塑料试样的压塑》GB/T 5471、《塑

料 热塑性塑料材料试样的压塑》GB/T 9352、《塑料多用料试样》GB/T 11997 等有关标准，模塑或切割符合尺寸规定要求的试样。

（3）试样尺寸

绝热用模塑聚苯乙烯泡沫塑料试样尺寸为(150 ±1)mm×(12.5 ±1)mm×(12.5 ±1)mm。

试样数量：每组试样至少 15 条。样品要陈化 28d。

（4）外观要求

试样表面清洁，无影响燃烧行为的缺陷，如：气泡、裂纹、溶胀、飞边、毛刺等。

（5）试样的标线

对Ⅰ、Ⅱ、Ⅲ、Ⅳ型试样，标线划在距点燃端 50mm 处，对Ⅴ形试样，标线划在框架上，或划在距点燃端 20mm 和 100mm 处。

（6）状态调节与试验环境

样品在温度 23 ±2℃，相对湿度 45% ~55% 的条件下进行 16h 的状态调节。

3. 试验程序

（1）开始试验时氧浓度的确定

根据经验或试样在空气中点燃的情况，估计开始试验时的氧浓度。如在空气中迅速燃烧，则开始试验时的氧浓度为 18% 左右；在空气中缓慢燃烧或时断时续，则为 21% 左右；在空气中离开点火源即灭，则至少为 25%。

（2）调整仪器和点燃试样

1）安装试样

将试样夹在夹具上，垂直的安装在燃烧筒的中心位置上，保证试样顶端低于燃烧筒顶端至少 100mm，其暴露部分最低处应高于燃烧筒底部配气装置顶端至少 100mm。

2）调节气体控制装置

调节气体混合及流量控制装置，是混合气中的氧浓度为试验程序中所确定的氧浓度，以 40 ±10mm/s 的速度流经燃烧筒，洗涤燃烧筒至少 30s。

3）点燃试样

a. 方法 A　顶端点燃法

使火焰的最低可见部分接触试样顶端并覆盖整个顶表面，勿使火焰碰到试样的棱边和侧表面。在确认试样顶端全部着火后，立即移去点火器，开始计时或观察试样燃烧的长度。

点燃试样时，火焰作用的时间最长为 30s，若在 30s 内不能点燃，则应增大氧浓度，继续点燃，直至 30s 内点燃为止。

b. 方法 B　扩散点燃法

充分降低和移动点火器，使火焰可见部分施加于试样顶表面，同时施加于垂直侧表面约 6mm 长。点燃试样时，火焰作用的时间最长为 30s，每隔 5s 左右稍移开点火器观察试样，直至垂直侧表面稳定燃烧或可见燃烧部分的前锋到达上标线处，立即移去点火器，开始计时或观察试样燃烧的长度。

若在 30s 内不能点燃试样，则增大氧浓度，再次点燃，直至 30s 内点燃为止。

方法 B 也适应于Ⅰ、Ⅱ、Ⅲ、Ⅳ型试样，标线应划在距点燃端 10mm 和 60mm 处。

注：（a）点燃试样是指引起试样有焰燃烧，不同点燃方法的试验结果不可比。

（b）燃烧部分包括任何沿试样表面淌下的燃烧滴落物。

（3）燃烧行为的评价

评价准则：

1）燃烧行为的评价准则见表 7.3-1。

燃烧行为的评价准则 表 7.3-1

试样形式	点燃方式	评价准则（两者取一）	
		燃烧时间（s）	燃烧长度
Ⅰ、Ⅱ、Ⅲ、Ⅳ	A 法	180	燃烧前锋超过上标线
	B 法		燃烧前锋超过下标线
Ⅴ	B 法		燃烧前锋超过下标线

2）"○"与"×"反应的确定。

点燃试样后，立即开始计时，观察试样燃烧的长度及燃烧行为。若燃烧中止，但在 1s 又自发再燃，则继续观察和计时。

如果试样的燃烧时间或燃烧长度均不超过表 7.3-1 的规定，则这次试验记录为"○"反应，并记下燃烧长度或时间。

如果两者之一超过表 7.3-1 的规定，扑灭火焰，记录这次试验为"×"反应。

还要记下材料燃烧特性，例如：熔滴、烟灰、结炭、漂游性燃烧、灼烧、余辉或其他需要记录的特性。

如果有无焰燃烧，应根据需要，报告无焰燃烧情况或包括无焰燃烧时的氧指数。

3）下次准备试验

取出试样，擦净燃烧筒和点火器表面的污物，使燃烧筒的温度恢复至常温或另换一个为常温的燃烧筒，进行下一个试验。

如果试验足够长，可以将试样倒过来或剪掉燃烧过的部分再用。但不能用于计算氧浓度。

4）逐次选择氧浓度

采用"少量样品升-降法"这一特定条件，以任意步长作为改变量，按调整仪器和点燃试样、燃烧行为的评价等条，进行一组试样的试验。

a. 如果前一条试样的燃烧行为是"×"反应，则降低氧浓度。

b. 如果前一条试样的燃烧行为是"○"反应，则增大氧浓度。

5）初始氧浓度的确定

采用任一合适的步长，重复调整仪器和点燃试样、燃烧行为的评价和逐次选择氧浓度，直到以体积百分数表示的二次氧浓度之差不大于 1.0%，并且一次是"○"反应，一次是"×"反应为止。将这组氧浓度中得"○"反应的记作初始氧浓度 ψ_0。

6）氧浓度的改变

a. 用初始氧浓度 ψ_0 重复调整仪器和点燃试样、燃烧行为的评价的操作，记录在 ψ_0 时所对应的"×"或"○"反应。即为 N_L 系列的第一个值。

b. 用混合气浓度的 0.2%（V/V）为步长，重复调整仪器和点燃试样、燃烧行为的评价和逐次选择氧浓度的操作，测得一组氧浓度值及对应的反应。直到得到不同于6）a. 的反应为止，记录这些氧浓度值及其对应。

a. 和b. 测得的结果，即为 N_L 系列。

c. 仍以0.2%（V/V）为步长，重复调整仪器和点燃试样、燃烧行为的评价和逐次选择氧浓度的操作，在测试四条试样，记录各次的氧浓度及所对应的反应，最后一条试样的氧浓度，用 ψ_F 表示。

a、b 和 c 试验结果，组成 N_T 系列。

4. 结果的计算

（1）氧指数的计算

以体积百分数表示的氧指数，按式（7.3-1）计算：

$$OI = \psi_F + Kd \tag{7.3-1}$$

式中 OI——氧指数，%；

ψ_F——N_T 系列最后一个氧浓度，取一位小数，%；

d——氧浓度的改变条中使用和控制的两个氧浓度之差，即步长，取一位小数；

K——查表7.3-2所得的系数。

报告 OI 时，取一位小数，不能修约，为了计算步长 d 值的校验的标准偏差 σ，OI 应计算到两位小数。

系　数　　表7.3-2

1	2	3	4	5	6
最后5次试验的反应	a、N_T 前几次测试的反应如下时的 K 值				
	0	00	000	0000	
×0000	-0.55	-0.55	-0.55	-0.55	0×××
×000×	-1.25	-1.25	-1.25	-1.25	0××0
×00×0	0.37	0.38	0.38	0.38	0××0×
×00××	-0.17	-0.14	-0.14	-0.14	0××00
×0×00	0.02	0.04	0.04	0.04	0×0××
×0×0×	-0.50	-0.46	-0.45	-0.45	0×0×0
×0××0	1.17	1.24	1.25	1.25	0×00×
×0×××	0.61	0.73	0.76	0.76	0×000
××000	-0.30	-0.27	-0.26	-0.26	00×××
××00×	-0.83	-0.76	-0.75	-0.75	00××0
××0×0	0.83	0.94	0.95	0.95	00×0×
××0××	0.30	0.46	0.50	0.50	00×00

续表

1	2	3	4	5	6
最后5次试验的反应	a、N_T 前几次测试的反应如下时的 K 值				
	0	00	000	0000	
××× 00	0.50	0.65	0.68	0.68	000××
××× 0×	-0.04	0.19	0.24	0.25	000×0
×××× 0	1.60	1.92	2.00	2.01	0000×
×××××	0.89	1.33	1.47	1.50	00000
	b、N_T 前几次测试的反应如下时的 K 值				最后5次试验的反应
	×	××	×××	××××	

（2）K 值的确定

1）按用初始氧浓度 ψ_0 重复调整仪器和点燃试样、燃烧行为的评价的操作，试验的试样如为“○”反应，则第一个相反的反应是“×”反应，从表7.3-2第1栏中找出所对应的反应，并按 N_L 系列的前几个反应，查处所对应的行数，即为所需的 K 值，其符号与表中符号相同。

2）按用初始氧浓度 ψ_0 重复调整仪器和点燃试样、燃烧行为的评价的操作，试验的试样如为“×”反应，则第一个相反的反应是“○”反应，从表7.3-2第6栏中找出所对应的反应，并按 N_L 系列的前几个反应，查处所对应的行数，即为所需的 K 值，其符号与表中符号相反。

3）步长 d 值的校验

$$2/3\sigma < d < 3/2\sigma \tag{7.3-2}$$

式中 d——氧指数计算中所用的步长，%；

σ——标准偏差。

$$\sigma = \left[\frac{\sum(\psi_i - OI)^2}{n-1}\right]^{1/2} \tag{7.3-3}$$

式中 ψ_i——N_T 系列中最后6个试样所对应的氧浓度值，%；

n——计入 $\sum(\psi_i - OI)^2$ 的氧浓度测定次数。

若 d 满足式（7.3-2）的条件或者 $d=0.2$ 时，$d>\frac{2\sigma}{3}$，则 OI 有效。

若 $d<\frac{2\sigma}{3}$，则增大 d，重复氧浓度的改变中的操作，直至满足式（7.3-2）为止。

若 $d>\frac{2\sigma}{3}$，则减小 d，重复氧浓度的改变中的操作，直至满足条件为止。一般不应将 d 减小至小于0.2，除非相应的产品标准有规定。

注：对于本标准，$n=6$。若 $m<6$，则方法失去精密性。若 $m>6$，则需另选统计方法。

4）结果的精密性

对易点燃和燃烧稳定的材料，本方法具有表 7.3-3 所示的精确度。

结果的精密性　　表 7.3-3

95% 置信度近似值	实验室内	实验室间
标准偏差	0.2	0.2
重复性 r	0.5	—
再现性 R	—	1.4

注：表 4 所示的数据，是于 1978～1980 年间，由 16 个实验室和 12 个样品所做的国际实验室间试验所确定的。

5. 设备的校正

（1）气体流速控制的校正

流经燃烧筒的气体流速，可用水封鼓式旋转计或其他等效装置进行校验。其准确度为流经燃烧筒流速的 ±2mm/s。也可用式（7.3-4）计算：

$$F = 1.27 \times 10^6 \frac{Q_v}{D^2} \tag{7.3-4}$$

式中　F——流经燃烧筒的气体流速，mm/s；

Q_v——在 23 ±2℃下流经燃烧筒的气体总流量，L/s；

D——燃烧筒内径，mm。

（2）氧浓度控制的校正

进入燃烧筒的混合气体中的氧浓度应校准至混合气体的 0.1%（V/V）。校准方法可以从燃烧筒中取样进行分析，也可使用校正过的氧分析仪就地进行分析。至少校核 3 个不同的浓度，分别代表设备所要用的氧浓度范围的最大、最小和中间值。

（3）整台仪器的校正

通过试验一组已知氧指数的材料，用所得结果与预期结果相比较。

7.3.4 燃烧性能分级

1. 试验装置

试验装置由燃烧试验箱、燃烧器及试件支架等组成。

（1）燃烧试验箱（见图 7.3-1）：由厚度为 1.5mm 的不锈钢板组成，其外形尺寸为 700mm × 400mm × 810mm，箱体顶端设有 ϕ150mm 的排烟口，前侧和右侧各设有一个玻璃观察窗，底部为一不锈钢网格。

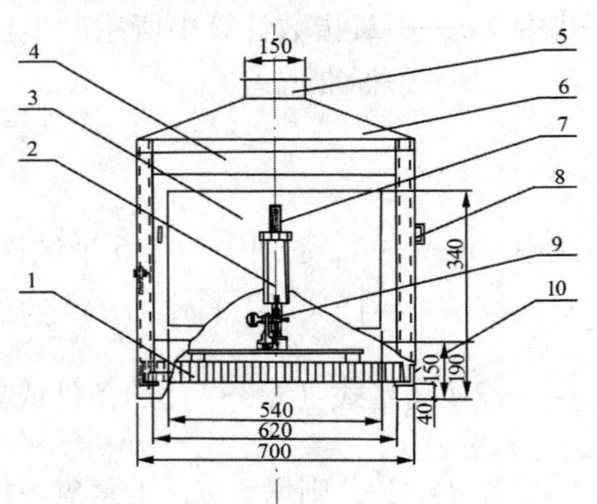

图 7.3-1　燃烧试验箱

1—箱底；2—试件夹；3—前门；4—箱体；5—排烟口；6—箱盖；7—立柱；8—侧门；9—燃烧器；10—箱底支架

（2）燃烧器（见图 7.3-2）：由孔径为 ϕ0.17mm 的喷嘴和调节阀组成，并设有 4 个 ϕ4mm 的空气吸入孔。

（3）试件支架：由基架、立柱、试件夹组成。立柱的直径为 ϕ20mm，高 360mm。试件夹的结构和尺寸（见图 7.3-3）。

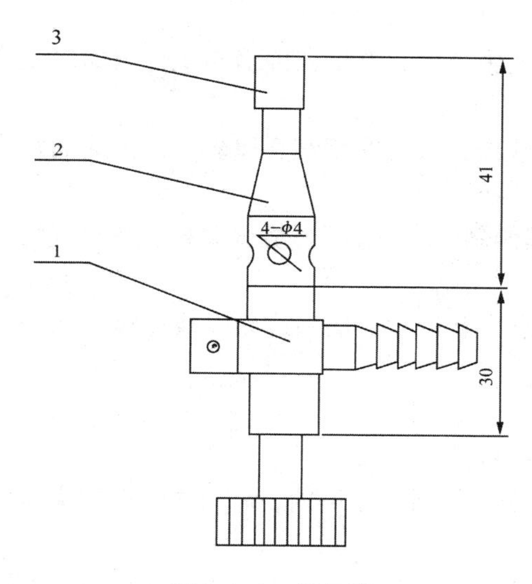

图 7.3-2 燃烧器

1—调节阀；2—喷嘴；3—喷头帽

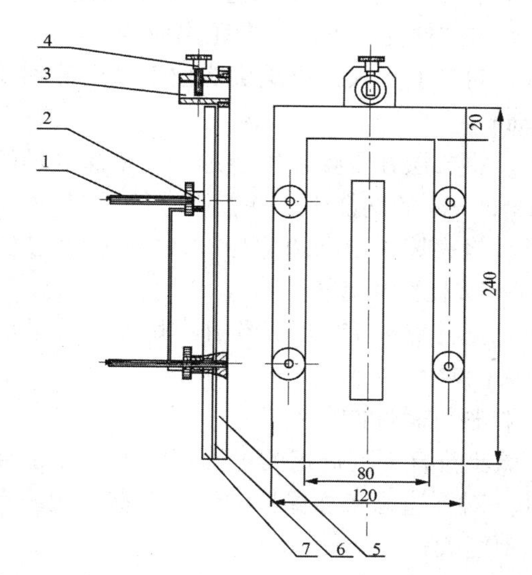

图 7.3-3 试件夹

1—螺杆；2—紧固螺母；3—固定套；4—紧固螺钉；5—挂样架；6—护样板；7—固样夹

2. 试件制备

（1）试件的数量及规格

每组试验需要 5 个试件，其规格为：

采用边缘点火：90mm × 190mm；

采用表面点火：90mm × 230mm。

试件的厚度应符合材料的实际使用情况，最大厚度不超过 80mm。材料的实际使用厚度超过 80mm 时，试件制作厚度应取 80mm，其表层和内层材料应具有代表性。

对边缘未加保护的材料，只按边缘点火规定的尺寸制备一组试件；对边缘加以保护的材料，则应按边缘点火和表面点火规定的尺寸各制备一组试件。

（2）试件制作

如果试验材料为非均匀材料，则应按正反两面分别制作，也可选择已确定的不利情况制作。

对采用边缘点火的试件，在试件高度 150mm（从最低沿算起）处划一全宽刻度线。

对采用表面点火的试件，在试件高度 40mm 及 190mm 处（均从最低沿算起）各划一全宽刻度线。

（3）状态调节

试验之前，试件应在温度 23 ± 2℃，相对湿度 44% ~ 56% 的条件下至少存放 14d，或调节至间隔 48h，前后两次称量的质量变化率不大于 0.1%。

3. 试验操作

（1）试验应在环境温度为 15 ~ 25℃ 的条件下进行。

（2）将装好试件的试件夹垂直固定在燃烧试验箱中。

（3）对边缘点火，厚度不大于3mm的试件，火焰尖头应在试件底面中心位置，厚度大于3mm的试件，火焰尖头应在试件底边中心并距燃烧器近边大于1.5mm的底面位置。燃烧前沿与试件受火点的轴向距离应为16mm。

（4）对表面点火，火焰尖头位于试件低刻度的中点处，燃烧器前沿与试件表面之距离应为5mm。

（5）将二层在干燥器中经过48h干燥处理的滤纸，放置在用细金属丝编织的底面积为100mm×60mm的网篮中，并置于试件下方。

（6）将火焰长度已调节为20±2mm的燃烧器倾斜45°，关闭燃烧试验箱。燃料气为纯度在95%以上的丙烷气。

（7）试件点火15s后，移开燃烧器，计量从点火开始到火焰到达刻度线或试件表面燃烧焰熄灭的时间。

4. 材料可燃性的判断

经试验符合下列规定的可确定为可燃性建筑材料：

（1）对下边缘未加保护的试件，在底边缘点火开始后的20s内，5个试件火焰尖头均未到达刻度线；

（2）对下边缘加以保护的试件，除符合（1）项规定外，应附加一组表面点火试验，即按第3点第（4）条规定，点火开始后20s内，5个试件火焰尖头均未达到刻度线。

7.3.5 结果评定

绝热用模塑聚苯乙烯泡沫塑料燃烧性能包括氧指数的测定和燃烧性能分级，绝热用模塑聚苯乙烯泡沫塑料燃烧性能标准要求氧指数不小于30%；燃烧性能分级要达到B_2级，即经上述试验判定为可燃性建筑材料且不允许有燃烧滴落物引燃滤纸现象。

7.4 绝热用挤塑聚苯乙烯泡沫塑料（XPS）燃烧性能

7.4.1 适用范围

适用于绝热用挤塑聚苯乙烯泡沫塑料（XPS）燃烧性能的测定。

7.4.2 试验标准

《绝热用挤塑聚苯乙烯泡沫塑料（XPS）》GB/T 10801.2—2002。

7.4.3 检测设备

1. 燃烧试验箱（见图7.3-1）：由厚度为1.5mm的不锈钢板组成，其外形尺寸为700mm×400mm×810mm，箱体顶端设有ϕ150mm的排烟口，前侧和右侧各设有一个玻璃观察窗，底部为一不锈钢网格。

2. 燃烧器（见图7.3-2）：由孔径为ϕ0.17mm的喷嘴和调节阀组成，并设有4个ϕ4mm的空气吸入孔。

3. 试件支架：由基架、立柱、试件夹组成。立柱的直径为ϕ20mm，高360mm。试件夹的结构和尺寸（见图7.3-3）。

7.4.4 检测方法

1. 试件制备

（1）试件的数量及规格

每组试验需要5个试件，其规格为：

采用边缘点火：90mm×190mm；

采用表面点火：90mm×230mm。

试件的厚度应符合材料的实际使用情况，最大厚度不超过80mm。材料的实际使用厚度超过80mm时，试件制作厚度应取80mm，其表层和内层材料应具有代表性。

对边缘未加保护的材料，只按边缘点火规定的尺寸制备一组试件；对边缘加以保护的材料，则应按边缘点火和表面点火规定的尺寸各制备一组试件。

（2）试件制作

如果试验材料为非均匀材料，则应按正反两面分别制作，也可选择已确定的不利情况制作。

对采用边缘点火的试件，在试件高度150mm（从最低沿算起）处划一全宽刻度线。

对采用表面点火的试件，在试件高度40mm及190mm处（均从最低沿算起）各划一全宽刻度线。

（3）状态调节

试验之前，试件应在温度23±2℃，相对湿度44%～56%的条件下至少存放14d，或调节至间隔48h，前后两次称量的质量变化率不大于0.1%。

2. 试验操作

（1）试验应在环境温度为15～25℃的条件下进行。

（2）将装好试件的试件夹垂直固定在燃烧试验箱中。

（3）对边缘点火，厚度不大于3mm的试件，火焰尖头应在试件底面中心位置，厚度大于3mm的试件，火焰尖头应在试件底边中心并距燃烧器近边大于1.5mm的底面位置。燃烧前沿与试件受火点的轴向距离应为16mm。

（4）对表面点火，火焰尖头位于试件低刻度的中点处，燃烧器前沿与试件表面之距离应为5mm。

（5）将二层在干燥器中经过48h干燥处理的滤纸，放置在用细金属丝编织的底面积为100mm×60mm的网篮中，并置于试件下方。

（6）将火焰长度已调节为20±2mm的燃烧器倾斜45°，关闭燃烧试验箱。燃料气为纯度在95%以上的丙烷气。

（7）试件点火15s后，移开燃烧器，计量从点火开始到火焰到达刻度线或试件表面燃烧焰熄灭的时间。

3. 材料可燃性的判断

经试验符合下列规定的可确定为可燃性建筑材料：

（1）对下边缘未加保护的试件，在底边缘点火开始后的20s内，5个试件火焰尖头均未到达刻度线；

（2）对下边缘加以保护的试件，除符合（1）项规定外，应附加一组表面点火试验，即按第3点第（4）条规定，点火开始后20s内，5个试件火焰尖头均未达到刻度线。

7.4.5 结果评定

绝热用挤聚苯乙烯泡沫塑料燃烧性能分级要达到 B_2 级，即经上述试验判定为可燃性建筑材料且不允许有燃烧滴落物引燃滤纸现象。

7.5 岩棉板燃烧性能

7.5.1 适用范围

适用于岩棉板燃烧性能的测定。

7.5.2 试验标准

《绝热用岩棉、矿渣棉及其制品》GB/T 11835—2007。

7.5.3 检测设备

1. 加热炉、支架和气流罩

加热炉系绕有电热线圈的耐火管，其外部覆盖有隔热层，锥形空气稳流器固定在加热炉底部，气流罩固定在加热炉顶部。

加热炉管电热线圈应由密度为2800kg/m³ 的矾土耐火材料制成，高150±1mm，内径为75±1mm，壁厚10±1mm。包括固定电热线圈的耐火水泥层在内，其总壁厚不超过15mm。

加热炉管的电热线圈应采用3mm宽、0.2mm厚的镍80/铬20电阻带单层缠绕。

加热炉管安置在一个有隔热材料制成的、外径200mm、高150mm、壁厚10mm的圆柱管的中心部位，并配以带有内凹缘的顶板和底板，以便将加热管定位。加热炉管与圆柱管之间的环形空间内填入密度为140±20kg/m³ 的氧化镁粉。

加热炉底面连接一个两端开口的倒锥形空气稳流器，其长为500mm，并从内径为75±1mm的顶部均匀缩减至内径为10±0.5mm的底部。空气稳流器采用1mm厚的钢板制作，其内表面应光滑，与加热炉之间的接口处应紧密、不漏气、内表面光滑。空气稳流器的上半部采用一层25mm厚的矿渣棉材料进行外部隔热保温，该材料在平均温度20℃时的导热系数为0.04±0.01W/（m·K）。

气流罩采用与空气稳流器相同的材料制成，安装在加热炉顶部。气流罩高50mm、内径75±1mm，与加热炉的接口处的内表面应光滑。气流罩外部采用一层25mm厚的矿棉材料隔热保温，该材料在平均温度20℃时的导热系数为0.04±0.01W/（m·K）。

加热炉、空气稳流器和气流罩三者的组合体安装在支架上。该支架具有底座和气流屏的作用，气流屏用以减少稳流器底部的气流抽力。气流屏高约550mm，稳流器底部高于支座底面约250mm。

2. 试样架和插入装置

试样架采用镍/铬或耐热钢丝制成，试样架底部安有一层耐热金属丝网盘，试样架质量为15±2g。

试样架悬挂在一根外径6mm、内径4mm滑动杆的不锈钢管制成的支承件底端。

试样架配以适当的插入装置能平稳地沿加热炉轴线下降，以保证试样在试验期间准确地位于加热炉的几何中心。插入装置为一根金属滑动杆，滑动杆能在加热炉侧面的垂直导槽内自由滑动。

3. 热电偶

应采用绝缘型镍铬-镍铝铠装热电偶，外径为1.5mm，丝径为0.3mm。

新热电偶在使用前应进行人工老化，以减少其反射性。

炉内热电偶的热接点应距加热炉管壁10±0.5mm，并处于加热炉管高度的中点。可借助于一根固定于气流罩上的导杆以保持其位置的准确，热电偶位置可采用定位杆标定。

试样中心热电偶通过试样顶部一直径2mm的孔，应使其热接点处于试样的几何中心。

试样表面热电偶应使其热接点在试验开始时处于试样高度的中部并与试样接触，在直径方向上与炉内热电偶相对。

4. 稳压器

为一台额定功率不小于1.5kVA的单向自动稳压器，其电压在从零至满负荷的输出过程中精度应在额定值±1%以内。

5. 调压变压器

控制的最大功率应达1.5kVA，输出电压呈线性变化并能从零至输入电压的范围内进行调整。

6. 电器仪表

应配备电流表、电压表或功率表，以便对加热炉温度进行快速设定。

7. 功率控制器

用来代替稳压器、调压变压器和电器仪表，它的形式是相角导通控制、能输出1.5kVA的可控硅器件。其最大电压不超过100V，而电流的限量能调节至“100%功率”，即等于电阻带的最大额定值。功率控制器的稳定性应接近1%，设定点的重复性为±1%，在全部设定点范围内，输出功率应呈线性变化。

8. 温度记录仪

是一台能连续测量热电偶输出信号的记录装置，其分辨率为1℃或相应的毫伏值，记录间隔时间不大于0.5s。适用的仪表可以是数字仪，也可以是多量程条形记录仪。记录仪可带有调零键，当按下调零键，偏移约10mV的量程，即记录仪的零位被置于700℃左右。

注：由于试验期间3支热电偶的输出信号均需记录，因此需要1台三通道记录仪或3台独立的记录仪。

9. 计时器

用于记录试验持续时间，其分辨率为1s，精度为1s/h。

10. 干燥皿

用于贮存经状态调节的试样，其大小应能容纳一个工作日的用样，或按需要确定。

7.5.4 检测方法

1. 试样制备

（1）试样

每种材料制备 5 个试样。试样为圆柱形，直径 45^{0}_{-2} mm，高 50 ± 3mm，体积 80 ±5cm³。

（2）制备

1）试样应尽可能代表材料的平均性能并按直径 45^{0}_{-2} mm，高 50 ± 3mm，体积 80 ±5cm³的圆柱形尺寸制作。

2）如果材料的厚度小于50mm，则试样的高度可通过叠加该材料的层数并调整每层材料的厚度来保证。试验前每层材料均应在试样架中水平放置，并用两根直径不超过 0.5mm 的铁丝将各层紧捆在一起，以排除各层间的气隙，但不得施加显著的压力。

叠层的布置应使试样中心热电偶的热接点位于该材料内部，不应处于层间界面上。

3）在试样顶部中心沿轴向应预留一直径为 2mm 的孔，孔深应使试样热电偶热接点处于试样的几何中心。

2. 状态调节

试样应在 60 ±5℃的通风干燥箱内调节 20 ~ 24h，并在试验前将其置于干燥皿中冷却至室温。试验前，应称量每个试样的质量，精确至 0.1g。

3. 调整过程

（1）试验装置的位置：试验装置不应设在风口，也不应受到任何形式的强烈日照或人工光照，以利于对炉内火焰的观察。

1）试管架：将试管架及其支承件从炉内移开。

2）炉内热电偶：炉内热电偶应按照前面热电偶的规定布置，通过补偿导线连接到温度记录仪上。

3）电源：将加热炉管的电热线圈连接到调压变压器和电器仪表或功率控制器、稳压器上。试验期间，不得使用加热炉自动恒温控制。

注：在稳定条件下，约 100V 时，加热元件通过约 9 ~ 10A 的电流。为避免电热线圈过载，建议最大电流不超过 11A，对新的加热炉管，开始时应慢慢加热，加热炉升温的一个适宜程序是以约 200℃分段，每个温度区段加热 2h。

（2）炉温的稳定：将试样及插入装置保持架从炉内移开后，调整加热炉输入电功率，使炉内热电偶所指示的炉内温度平均值稳定在 750 ± 5℃，至少 10min，其温度漂移在 10min 内不超过 2℃并作连续记录。

（3）炉壁温度：当炉内温度稳定时，用外径为 1.5mm，丝径为 0.3mm 的镍铬-镍铝铠装热电偶和前面规定的温度记录仪在炉壁三条相互等距离的垂直轴线上测量炉壁温度。对于每条轴线，记录其加热炉管高度中心处及该中心上下 30mm 处 3 点的壁温。采用带有热电偶和隔热套管的热电偶扫描装置可比较方便的完成这一测定过程，应特别注意热电偶与炉壁之间的接触保持良好。在每个测点读取温度前，显示的温度值应至少稳定 5min。

计算并记录所测得的温度值的算术平均值，将其作为炉壁平均温度，应为 835 ±10℃。试验前，该平均温度应保持在这个范围。

凡使用新的加热炉或更换了加热炉管、电热线圈、隔热材料或电源时均应执行以上的规定程序。

4. 检测程序

1）试验装置应符合调整过程的有关规定并按照炉壁温度中的有关规定稳定炉温。

2）试验开始应确认整台装置处于良好的工作状态，如空气稳流器整洁畅通、插入装置能平稳滑动、试样架准确位于炉内的规定位置。

3）将一个按规定制备并经状态调节好的试样放入试样架内，试样架悬挂在支承件上并确保试样热电偶处于规定的准确位置。

4）将试管架放入炉内的规定位置，这一操作时间不超过5s；试样一放入炉内，立即启动计时器。

5）在整个试验期间，记录由炉内热电偶和试样热电偶测得的温度。在某些情况下，认为试样中心热电偶并不提供附加信息，这时，就不必使用中心热电偶。

6）试验通常进行30min，即3支热电偶在30min时都达到了最终温度平衡，即可停止试验。由热电偶测得的温度在10min内变化不超过2℃时，则认为达到了最终温度平衡。如果一支或多支热电偶在30min时未达到最终温度平衡则应继续试验；同时每隔5min检查一下最终温度平衡。当全部热电偶都达到了最终温度平衡则停止试验，并记录试验的持续时间。然后，从炉内取出试样。最后一次5min间隔的结束时间即为本次试验的结束。（注：在确认达到最终温度平衡时，试样中心热电偶的温度应低于炉内热电偶的温度。）

7）收集试验时和试验后试样碎裂或掉落的所有碳化物、灰和其他残屑，同试样一起放在干燥皿中冷却至环境温度后称量试样的残留质量。按以上的程序测试全部5个试样。

5. 试验期间的观察

（1）对于每一个按规定程序进行试验的试样，在试验前后分别记录其质量并做好试验期间与试样行为有关的各种观察记录。

（2）记录持续火焰的出现及其持续时间。试样产生持续5s或更长时间的连续火焰才应视作持续火焰。

（3）取试验结束时的温度作为最终温度，以℃为单位，记录由相应热电偶测得的下述温度：

1）炉内最高温度 $T_{f(max)}$；

2）炉内最终温度 $T_{f(final)}$；

6. 试验结果表述

（1）温升：

1）以℃为单位，按式 $\Delta T = T_{f(max)} - T_{f(final)}$ 计算每个试样的炉内温升。

2）计算并记录5个试样的炉内温升的算术平均值。

（2）火焰

1）记录持续火焰持续时间的总和，以秒为单位。

2）计算并记录5个试样持续火焰的持续时间。

（3）质量损失

1）计算并记录每个试样的质量损失，以试样初始质量的百分数表示。

2）计算并记录5个试样质量损失的算术平均值。

7.5.5 结果评定

岩棉板燃烧性能为不燃材料，即炉内平均温升不应超过50℃；持续火焰的平均时间不应超过20s；冷却后，平均质量损失不应超过平均初始质量的50%，符合上述要求判定为合格，否则为不合格。

第8章 附 表

8.1 检测原始记录表格

1. 保温砂浆检测原始记录，见表8.1-1。
2. 界面砂浆检测原始记录，见表8.1-2。
3. 抗裂砂浆检测原始记录，见表8.1-3。
4. 胶粉聚苯颗粒浆料检测原始记录，见表8.1-4。
5. 绝热用模塑（挤塑）聚苯乙烯泡沫塑料检测原始记录，见表8.1-5。
6. 泡沫玻璃检测原始记录，见表8.1-6。
7. 绝缘用岩棉、矿渣棉及其制品检测原始记录，见表8.1-7。
8. 建筑玻璃可见光透射比与遮蔽系数检测原始记录，见表8.1-8。
9. 中空玻璃露点检测原始记录，见表8.1-9。
10. 建筑门窗保温性能检测原始记录，见表8.1-10。
11. 外墙外保温系统抗风荷载性能检测原始记录，见表8.1-11。
12. 外墙外保温系统抗冲击性能及吸水量检测原始记录，见表8.1-12。
13. 饰面砖粘结强度检测原始记录，见表8.1-13。
14. 外墙外保温系统现场拉伸粘结强度检测原始记录，见表8.1-14。
15. 塑料锚栓检测原始记录，见表8.1-15。
16. 外墙节能构造钻芯检测原始记录，见表8.1-16。
17. 建筑物围护结构现场传热系数检测原始记录，见表8.1-17。
18. 建筑外窗现场气密性检测原始记录，见表8.1-18。
19. 耐碱网布（玻纤网）检测原始记录，见表8.1-19。
20. 耐碱玻纤网检测原始记录，见表8.1-20。
21. 胶粘剂检测原始记录，见表8.1-21。

保温砂浆检测原始记录

表 8.1-1

第1页　共2页　　　　NO：

样品编号		设备名称	设备编号	检测前后设备情况
样品名称	□无机轻集料保温砂浆　□建筑保温砂浆	□电子天平		□正常　□不正常
收样日期				
样品状态		□保温材料拉压性能检测装置		□正常　□不正常
检测环境(℃)				
配合比		□鼓风干燥箱		□正常　□不正常
养护条件	□标准养护　□同条件	检测过程是否出现异常情况	□是　□否	

检测日期	检测项目		检测数据											
			1		2		3		4		5		6	
	□干密度	规格	尺寸(mm)	平均值(mm)	尺寸(mm)	平均值(mm)	尺寸(mm)	平均值(mm)	尺寸(mm)	平均值(mm)	尺寸(mm)	平均值(mm)	尺寸(mm)	平均值(mm)
		长												
		宽												
		厚												
		烘干质量(g)												
		干密度(kg/m³)												
		平均值(kg/m³)												
	□抗压强度	规格	尺寸(mm)	平均值(mm)	尺寸(mm)	平均值(mm)	尺寸(mm)	平均值(mm)	尺寸(mm)	平均值(mm)	尺寸(mm)	平均值(mm)	尺寸(mm)	平均值(mm)
		长												
		宽												
		破坏荷载(N)												
		抗压强度(MPa)												
		平均值(MPa)												
检测依据			□GB/T 20473-2006　□DB33/T 1054-2008　□JGJ 253-2011											
备注														

校核：　　　　检测：

保温砂浆检测原始记录

续表

NO：

样品编号				检测项目	导热系数		检测日期			
样品名称				样品规格	（mm）		样品数量	（块）		
样品状态				计量面积	（m^2）		采样次数	（次）		
厚度	（m）			检测环境	（℃）		采样间隔	（min）		
计量板设定温度	（℃）			冷板设定温度	（℃）		计算公式	$\lambda = \frac{\Phi \times d}{2A \times (T_1 - T_2)}$		
采样时间	左侧试件相关温度（℃）				右侧试件相关温度（℃）				平均导热系数	加热功率
	计量板 T_1	计量板边缘	防护板	冷板 T_2	计量板 T_1	计量板边缘	防护板	冷板 T_2	λ[（W/（m·K）]	ϕ（W）
最大值										
最小值										
平均值										
修正系数				设备编号			设备名称	导热系数测定仪		
检测依据	□GB/T 20473-2006　□DB33/T 1054-2008　□JGJ 253-2011						备注			

校核：　　　　　　　　检测：

界面砂浆检测原始记录 表8.1-2

 NO：

<table>
<tr><td colspan="2">样品编号</td><td colspan="2"></td><td>环境温度（℃）</td><td colspan="9"></td></tr>
<tr><td colspan="2">样品状态</td><td colspan="2"></td><td>环境湿度（%）</td><td colspan="9"></td></tr>
<tr><td colspan="2">收样日期</td><td colspan="2"></td><td>界面砂浆：水</td><td colspan="9"></td></tr>
<tr><td colspan="2">设备编号</td><td colspan="2">设备名称</td><td colspan="10">检测前后设备情况</td></tr>
<tr><td colspan="2"></td><td colspan="2">拉力试验机</td><td colspan="10">□ 正常　　□ 不正常</td></tr>
<tr><td colspan="2">检测过程是否出现异常情况</td><td colspan="12">□ 是　　□ 否</td></tr>
<tr><td>养护条件</td><td>检测日期</td><td>检测项目</td><td colspan="11">检　测　数　据</td></tr>
<tr><td rowspan="4">标准养护
□ 7d
□ 14d</td><td rowspan="4"></td><td rowspan="4">拉伸粘结原强度</td><td>破坏荷重（N）</td><td></td><td></td><td></td><td></td><td></td><td></td><td></td><td></td><td></td><td></td></tr>
<tr><td>面积（mm²）</td><td colspan="10"></td></tr>
<tr><td>强度（MPa）</td><td></td><td></td><td></td><td></td><td></td><td></td><td></td><td></td><td></td><td></td></tr>
<tr><td>强度平均值（MPa）</td><td colspan="10"></td></tr>
<tr><td rowspan="4">□ 标准养护7d，浸水7d
□ 标准养护14d，浸水7d</td><td rowspan="4"></td><td rowspan="4">浸水拉伸粘结强度</td><td>破坏荷重（N）</td><td></td><td></td><td></td><td></td><td></td><td></td><td></td><td></td><td></td><td></td></tr>
<tr><td>面积（mm²）</td><td colspan="10"></td></tr>
<tr><td>强度（MPa）</td><td></td><td></td><td></td><td></td><td></td><td></td><td></td><td></td><td></td><td></td></tr>
<tr><td>强度平均值（MPa）</td><td colspan="10"></td></tr>
<tr><td>检测依据</td><td colspan="13">□ JG/T 158-2013　　□ DB33/T 1054-2008　　□ JGJ 253-2011</td></tr>
<tr><td>备注</td><td colspan="13"></td></tr>
</table>

校核：　　　　检测：

抗裂砂浆检测原始记录

表8.1-3

NO：

<table>
<tr><td colspan="2">样品编号</td><td colspan="6"></td><td colspan="3">收样日期</td><td colspan="3"></td></tr>
<tr><td colspan="2">样品状态</td><td colspan="6"></td><td colspan="3">制作日期</td><td colspan="3"></td></tr>
<tr><td colspan="2">环境温度
（℃）</td><td colspan="6"></td><td colspan="3">环境湿度
（℃）</td><td colspan="3"></td></tr>
<tr><td colspan="2">配比情况</td><td colspan="12"></td></tr>
<tr><td colspan="2">设备编号</td><td colspan="6">设备名称</td><td colspan="6">检测前后设备情况</td></tr>
<tr><td colspan="2"></td><td colspan="6">拉力试验机</td><td colspan="6">☐ 正常　　☐ 不正常</td></tr>
<tr><td>养护条件</td><td>检测
日期</td><td colspan="2">检测项目</td><td colspan="10">检　测　数　据</td></tr>
<tr><td rowspan="4">标准养护
28d</td><td rowspan="4"></td><td rowspan="4">拉伸粘结
原强度</td><td>破坏荷重
（N）</td><td></td><td></td><td></td><td></td><td></td><td></td><td></td><td></td><td></td><td></td></tr>
<tr><td>粘结面积
（mm^2）</td><td colspan="10"></td></tr>
<tr><td>强度
（MPa）</td><td></td><td></td><td></td><td></td><td></td><td></td><td></td><td></td><td></td><td></td></tr>
<tr><td>强度平均值
（MPa）</td><td colspan="10"></td></tr>
<tr><td rowspan="4">☐ 标准养护28d，浸水7d

☐ 标准养护28d，浸水7d，干燥7d</td><td rowspan="4"></td><td rowspan="4">浸水拉伸
粘结强度</td><td>破坏荷重
（N）</td><td></td><td></td><td></td><td></td><td></td><td></td><td></td><td></td><td></td><td></td></tr>
<tr><td>粘结面积
（mm^2）</td><td colspan="10"></td></tr>
<tr><td>强度
（MPa）</td><td></td><td></td><td></td><td></td><td></td><td></td><td></td><td></td><td></td><td></td></tr>
<tr><td>强度平均值
（MPa）</td><td colspan="10"></td></tr>
<tr><td>检测依据</td><td colspan="13">☐ JG/T 158-2013　　☐ DB33/T 1054-2008　　☐ JGJ 253-2011</td></tr>
<tr><td colspan="8">检测过程是否出现异常情况</td><td colspan="6">☐ 是　　☐ 否</td></tr>
<tr><td>备注</td><td colspan="13"></td></tr>
</table>

校核：　　　　　　　　检测：

胶粉聚苯颗粒浆料检测原始记录

表 8.1-4

第 1 页　共 2 页　　　　NO：

样品编号		设备名称	设备编号	检测前后设备情况
样品状态		□ 容量筒		□ 正常□　不正常
收样日期		□ 鼓风电热恒温干燥箱		□ 正常□　不正常
检测环境(℃)		□ 保温材料拉压性能检测装置		□ 正常□　不正常
配合比		检测过程是否出现异常情况		□是　□否

检测日期	检测项目		检测数据											
			1		2		3		4		5		6	
	□干表观密度	规格	尺寸(mm)	平均值(mm)	尺寸(mm)	平均值(mm)	尺寸(mm)	平均值(mm)	尺寸(mm)	平均值(mm)	尺寸(mm)	平均值(mm)	尺寸(mm)	平均值(mm)
		长												
		宽												
		厚												
		烘干质量(g)												
	□抗压强度	规格	尺寸(mm)	平均值(mm)	尺寸(mm)	平均值(mm)	尺寸(mm)	平均值(mm)	尺寸(mm)	平均值(mm)	尺寸(mm)	平均值(mm)	尺寸(mm)	平均值(mm)
		长												
		宽												
		破坏荷载(N)												
	□线性收缩率	初始长度 L_0(mm)				试件干燥后的长度 L_t(mm)								
		试件的长度 L(mm)				两个收缩头埋入砂浆中长度之和 L_d(mm)								
		线性收缩率值(%)				平均值(%)								
	□导热系数		导热系数[W/(m·K)]平均温度25℃											
检测依据			□ JG/T 158-2013											
备注														

校核：　　　　　　　　检测：

胶粉聚苯颗粒浆料检测原始记录

续表

第 2 页　共 2 页

NO：

样品编号				检测项目	导热系数		检测日期			
样品名称				样品规格	(mm)		样品数量	(块)		
样品状态				计量面积	(m^2)		采样次数	(次)		
厚度 d	(m)			检测环境	(℃)		采样间隔	(min)		
计量板设定温度	(℃)			冷板设定温度	(℃)		计算公式	$\lambda = \frac{\Phi \times d}{2A \times (T_1 - T_2)}$		
采样时间	左侧试件相关温度（℃）				右侧试件相关温度（℃）				平均导热系数	加热功率
	计量板 T_1	计量板边缘	防护板	冷板 T_2	计量板 T_1	计量板边缘	防护板	冷板 T_2	λ[W/(m·K)]	Φ(W)
最大值										
最小值										
平均值										
修正系数				设备编号			设备名称	导热系数测定仪		
检测依据	□ JG/T 158-2013						备注			

校核：　　　　　　　　检测：

绝热用模塑（挤塑）聚苯乙烯泡沫塑料检测原始记录　　表 8.1-5

　　NO：

<table>
<tr><td>样品编号</td><td colspan="5"></td><td colspan="2">样品状态</td><td colspan="2"></td></tr>
<tr><td>样品名称</td><td colspan="5">☐ EPS　　☐ XPS</td><td colspan="2">空气大气压（kPa）</td><td colspan="2"></td></tr>
<tr><td>检测日期</td><td colspan="5"></td><td colspan="2">检测环境</td><td colspan="2"></td></tr>
<tr><td>设备编号</td><td colspan="7">设备</td><td colspan="2">检测前后设备情况</td></tr>
<tr><td></td><td colspan="7">天平</td><td colspan="2">☐ 正常　☐ 不正常</td></tr>
<tr><td></td><td colspan="7">导热系数测定仪</td><td colspan="2">☐ 正常　☐ 不正常</td></tr>
<tr><td></td><td colspan="7">恒温恒湿箱</td><td colspan="2">☐ 正常　☐ 不正常</td></tr>
<tr><td></td><td colspan="7">游标卡尺</td><td colspan="2">☐ 正常　☐ 不正常</td></tr>
<tr><td></td><td colspan="7">保温材料拉压性能检测装置</td><td colspan="2">☐ 正常　☐ 不正常</td></tr>
<tr><td>检测项目</td><td colspan="9">检测结果</td></tr>
<tr><td rowspan="5">☐ 表观密度</td><td>试样序号</td><td colspan="3">1</td><td colspan="3">2</td><td colspan="2">3</td></tr>
<tr><td>试样的质量 m（g）</td><td colspan="3"></td><td colspan="3"></td><td colspan="2"></td></tr>
<tr><td>试样的体积 V（mm^3）</td><td colspan="3"></td><td colspan="3"></td><td colspan="2"></td></tr>
<tr><td>表观密度（kg/m^3）</td><td colspan="3"></td><td colspan="3"></td><td colspan="2"></td></tr>
<tr><td>表观密度平均值（kg/m^3）</td><td colspan="8"></td></tr>
<tr><td rowspan="8">☐ 吸水率</td><td>试样序号</td><td colspan="3">1</td><td colspan="3">2</td><td colspan="2">3</td></tr>
<tr><td>浸渍前初始体积（mm^3）</td><td colspan="3"></td><td colspan="3"></td><td colspan="2"></td></tr>
<tr><td>试样浸渍后体积（mm^3）</td><td colspan="3"></td><td colspan="3"></td><td colspan="2"></td></tr>
<tr><td>试样质量（g）</td><td colspan="3"></td><td colspan="3"></td><td colspan="2"></td></tr>
<tr><td>网笼浸水表观质量（g）</td><td colspan="3"></td><td colspan="3"></td><td colspan="2"></td></tr>
<tr><td>装有试样的网笼浸水表观质量（g）</td><td colspan="3"></td><td colspan="3"></td><td colspan="2"></td></tr>
<tr><td>吸水率（%）</td><td colspan="3"></td><td colspan="3"></td><td colspan="2"></td></tr>
<tr><td>吸水率平均值（%）</td><td colspan="8"></td></tr>
<tr><td rowspan="5">☐ 压缩强度</td><td>样品序号</td><td>1</td><td colspan="2">2</td><td colspan="2">3</td><td colspan="2">4</td><td>5</td></tr>
<tr><td>试样初始横断面积 A（mm^2）</td><td></td><td colspan="2"></td><td colspan="2"></td><td colspan="2"></td><td></td></tr>
<tr><td>最大压缩力 F_{10}（N）</td><td></td><td colspan="2"></td><td colspan="2"></td><td colspan="2"></td><td></td></tr>
<tr><td>强度（kPa）</td><td></td><td colspan="2"></td><td colspan="2"></td><td colspan="2"></td><td></td></tr>
<tr><td>强度平均值（kPa）</td><td></td><td colspan="2"></td><td colspan="2"></td><td colspan="2"></td><td></td></tr>
<tr><td>检测依据</td><td colspan="9">☐ GB/T 10801.1-2002　　☐ GB/T 10801.2-2002</td></tr>
<tr><td colspan="2">检测过程是否出现异常情况</td><td colspan="8">☐ 是　　☐ 否</td></tr>
<tr><td>备注</td><td colspan="9"></td></tr>
</table>

校核：　　　　检测：

绝热用模塑（挤塑）聚苯乙烯泡沫塑料原始记录　　续表

　　　　NO：

检测项目	检　测　结　果														
□ 尺寸稳定性		试样试验前的长度（mm）				试样试验前的宽度（mm）				试样试验前的厚度（mm）					
		1	2	3	平均值	1	2	3	平均值	1	2	3	4	5	平均值
	试件1														
	试件2														
	试件3														
		试样试验后的长度（mm）				试样试验后的宽度（mm）				试样试验后的厚度（mm）					
		1	2	3	平均值	1	2	3	平均值	1	2	3	4	5	平均值
	试件1														
	试件2														
	试件3														
		长度尺寸变化率（%）				宽度尺寸变化率（%）				厚度尺寸变化率（%）					
	试件1														
	试件2														
	试件3														
	平均值（%）														
□ 导热系数	规格尺寸（mm）					1				2					
	导热系数（平均温度25℃）[W/（m·K）]														
检测依据	□ GB/T 10801.1-2002　　□ GB/T 10801.2-2002														
检测过程是否出现异常情况						□ 是　　□ 否									
备注															

校核：　　　　　　　　　　检测：

绝热用模塑(挤塑)聚苯乙烯泡沫塑料原始记录

续表

第3页　共3页　　　　NO：

样品编号				检测项目	导热系数		检测日期			
样品名称				样品规格	(mm)		样品数量	(块)		
样品状态				计量面积	(m^2)		采样次数	(次)		
厚度 d	(m)			检测环境	(℃)		采样间隔	(min)		
计量板设定温度	(℃)			冷板设定温度	(℃)		计算公式	$\lambda=\frac{\Phi\times d}{2A\times(T_1-T_2)}$		
采样时间	左侧试件相关温度(℃)				右侧试件相关温度(℃)				平均导热系数	加热功率
	计量板 T_1	计量板边缘	防护板	冷板 T_2	计量板 T_1	计量板边缘	防护板	冷板 T_2	λ[(W/(m·K)]	Φ(W)
最大值										
最小值										
平均值										
修正系数				设备编号			设备名称	导热系数测定仪		
检测依据	□ GB/T 10801.1-2002　□ GB/T 10801.2-2002						备注			

校核：　　　　检测：

泡沫玻璃检测原始记录

表 8.1-6

NO：

样品编号		收样日期	
样品状态		检测环境	
设备编号	设备名称	检测前后设备情况	
	鼓风干燥箱	□ 正常　□ 不正常	
	拉压力检测装置	□ 正常　□ 不正常	

检测项目	检测日期	检　测　数　据			
体积密度（kg/m³）		试件号	1	2	3
		长度（mm）			
		平均值（mm）			
		宽度（mm）			
		平均值（mm）			
		厚度（mm）			
		平均值（mm）			
		重量（g）			
		体积密度（kg/m³）			
		平均体积密度（kg/m³）			

<table>
<tr><td rowspan="8">抗压强度（MPa）</td><td rowspan="8"></td><td colspan="2">试件号</td><td colspan="3">1</td><td colspan="3">2</td><td colspan="3">3</td><td colspan="3">4</td><td colspan="3">5</td></tr>
<tr><td rowspan="4">试样尺寸（mm）</td><td></td><td>测量值 1</td><td>测量值 2</td><td>平均值</td><td>测量值 1</td><td>测量值 2</td><td>平均值</td><td>测量值 1</td><td>测量值 2</td><td>平均值</td><td>测量值 1</td><td>测量值 2</td><td>平均值</td><td>测量值 1</td><td>测量值 2</td><td>平均值</td></tr>
<tr><td>长</td><td></td><td></td><td></td><td></td><td></td><td></td><td></td><td></td><td></td><td></td><td></td><td></td><td></td><td></td><td></td></tr>
<tr><td>宽</td><td></td><td></td><td></td><td></td><td></td><td></td><td></td><td></td><td></td><td></td><td></td><td></td><td></td><td></td><td></td></tr>
<tr><td>厚</td><td></td><td></td><td></td><td></td><td></td><td></td><td></td><td></td><td></td><td></td><td></td><td></td><td></td><td></td><td></td></tr>
<tr><td colspan="2">破坏荷重（N）</td><td colspan="3"></td><td colspan="3"></td><td colspan="3"></td><td colspan="3"></td><td colspan="3"></td></tr>
<tr><td colspan="2">强度（MPa）</td><td colspan="3"></td><td colspan="3"></td><td colspan="3"></td><td colspan="3"></td><td colspan="3"></td></tr>
<tr><td colspan="2">抗压强度平均值（MPa）</td><td colspan="15"></td></tr>
</table>

检测依据	JC/T 647-2005	检测过程是否出现异常情况	□ 是　□ 否
备注			

校核：　　　　　　　　检测：

泡沫玻璃检测原始记录

续表

第2页　共2页　　　　NO：

样品编号				检测项目	导热系数		检测日期			
样品名称				样品规格	(mm)		样品数量	(块)		
样品状态				计量面积	(m^2)		采样次数	(次)		
厚度 d	(m)			检测环境	(℃)		采样间隔	(min)		
计量板设定温度	(℃)			冷板设定温度	(℃)		计算公式	$\lambda = \frac{\Phi \times d}{2A \times (T_1 - T_2)}$		
采样时间	左侧试件相关温度（℃）				右侧试件相关温度（℃）				平均导热系数	加热功率
	计量板 T_1	计量板边缘	防护板	冷板 T_2	计量板 T_1	计量板边缘	防护板	冷板 T_2	λ[(W/(m·K)]	Φ(W)
最大值										
最小值										
平均值										
修正系数				设备编号			设备名称	导热系数测定仪		
检测依据	JC/T 647-2005						备注			

校核：　　　　检测：

绝热用岩棉、矿渣棉及其制品检测原始记录

表8.1-7

NO：

样品编号			收样日期			
样品名称			检测环境			
样品状态			尺寸（mm）			
设备编号	设备名称			检测前后设备情况		
	板式测厚仪			□ 正常　□ 不正常		
检测项目	检测日期	检测数据				
		序号	1	2	3	4
密度（kg/m³）		长度（mm）				
		平均值				
		宽度（mm）				
		平均值				
		厚度（mm）				
		平均值				
		重量（g）	样品总重量(g)	样品总重量(g)	样品总重量(g)	样品总重量(g)
		密度（kg/m³）				
检测依据		GB/T 11835—2007				
检测过程是否出现异常情况				□ 是　□ 否		
备注						

校核：　　　　　　　　检测：

绝热用岩棉、矿渣棉及其制品检测原始记录

续表

第2页　共2页　　　　NO：

样品编号				检测项目	导热系数		检测日期			
样品名称				样品规格	(mm)		样品数量	(块)		
样品状态				计量面积 A	(m^2)		采样次数	(次)		
厚度 d	(m)			检测环境	(℃)		采样间隔	(min)		
计量板设定温度	(℃)			冷板设定温度	(℃)		计算公式	$\lambda = \frac{\Phi \times d}{2A \times (T_1 - T_2)}$		
采样时间	左侧试件相关温度（℃）				右侧试件相关温度（℃）				平均导热系数	加热功率
	计量板 T_1	计量板边缘	防护板	冷板 T_2	计量板 T_1	计量板边缘	防护板	冷板 T_2	λ[(W/(m·K)]	Φ(W)
最大值										
最小值										
平均值										
修正系数				设备编号			设备名称	导热系数测定仪		
检测依据	GB/T 11835—2007						备注			

校核：　　　　检测：

建筑玻璃可见光透射比与遮蔽系数检测原始记录

表 8.1-8

第 1 页　共 3 页

NO：

样品编号		检测日期	
检测依据	GB/T2680-94		
玻璃试件参数			
玻璃层数		第一层玻璃种类	
第二层玻璃种类		第三层玻璃种类	
第 1、2 层玻璃距离		第 2、3 层玻璃距离	
测试条件			
测试气体		光源类别	
测试空气质量		测试方位	
测试结果			
紫外光透射比		紫外光反射比	
可见光透射比		可见光反射比	
太阳光直接透射比		太阳光直接反射比	
太阳光吸收比			
太阳能总透射比		遮蔽系数	
测试曲线			

0%　20%　40%　60%　80%　100%　120%

280　320　360　420　500　580　660　740　900　1300　1700　2100　2500　(nm)

—— 透射率　—— 正反射率　- - - 反反射率

第一层测试曲线

校准：　　　　检测：

建筑玻璃可见光透射比与遮蔽系数检测原始记录

续表

NO：

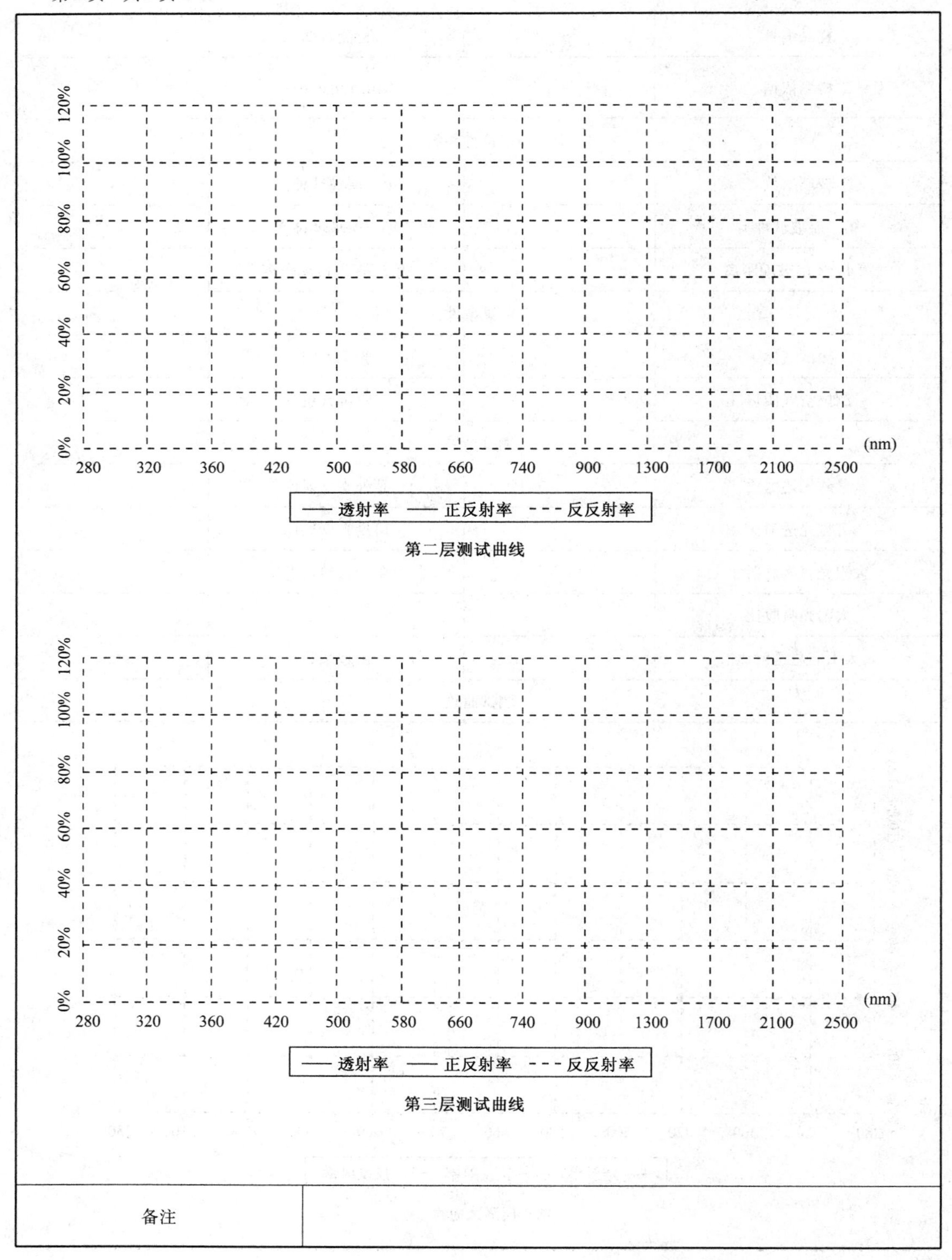

备注	

校准：　　　　　　　　　　检测：

建筑玻璃可见光透射比与遮蔽系数测试原始记录

续表

第 3 页　共 3 页　　　　　　　　　　　　　　　　　　　　NO：

测试数据									
层数 / 波长	第一层			第二层			第三层		
	透射率	正反射率	反反射率	透射率	正反射率	反反射率	透射率	正反射率	反反射率

校准：　　　　　　　　　　　　　　　　检测：

中空玻璃露点检测原始记录 表8.1-9

第1页 共1页 NO：

样品编号			检测日期		
玻璃品种			样品尺寸（mm）		
原片玻璃厚度（mm）			接触时间（min）		
环境温度（℃）			环境湿度（%）		
设备编号	设备名称		检测前后设备情况		
	中空玻璃露点仪		□ 正常 □ 不正常		
检测情况					
序号	温度（℃）	玻璃内表面有无结霜或结露	序号	温度（℃）	玻璃内表面有无结霜或结露
01			11		
02			12		
03			13		
04			14		
05			15		
06					
07					
08					
09					
10					
√：表示玻璃内表面无结霜或结露； ×：表示玻璃内表面有结霜或结露					
检测依据	GB/T 11944-2012				
检测过程是否出现异常情况			□是 □否		
备注					

校核： 检测：

表 8.1-10

建筑门窗保温性能检测原始记录

第1页　共1页　　　　　　　　　　　　　　　　　　　　　　NO：

样品编号			热室空气相对湿度（%）						检测日期				
设备编号	设备名称				检测前后设备情况				热室气温（℃）				
	建筑外门窗保温性能测试装置				□ 正常　□ 不正常				冷室气温（℃）				
采集时间	热冷箱空气温度（差）			热箱内外壁温度（差）			热冷箱框温度（差）			填充物温度（差）			加热功率
	热室	冷室	温差	内壁	外壁	温差	热室	冷室	温差	热室	冷室	温差	
平均值													
最大值													
最小值													
M_1 =			填充板面积 S =				传热系数 K =			所属等级：			
M_2 =			试件面积 A =				填充物热导率 Λ =						
检测依据	GB/T 8484-2008						检测过程是否出现异常情况			□ 是　□ 否			
备注													

校核：　　　　　　　　　　　　　　　　检测：

外墙外保温系统抗风荷载性能检测原始记录

表 8.1-11

第 1 页　共 1 页　　　　NO：

<table>
<tr><td>样品编号</td><td colspan="3"></td><td colspan="2">粘接面积（m^2）</td><td colspan="2"></td><td colspan="2">检测日期</td><td></td></tr>
<tr><td>系统名称</td><td colspan="3"></td><td colspan="2">试件面积（m^2）</td><td colspan="2"></td><td colspan="2">制作日期</td><td></td></tr>
<tr><td>系统构造</td><td colspan="7"></td><td colspan="2">样品状态</td><td></td></tr>
<tr><td>设备编号</td><td colspan="2">设备名称</td><td colspan="3">检测前后设备状态</td><td colspan="5">检测环境</td></tr>
<tr><td></td><td colspan="2">外保温系统抗风压性能检测装置</td><td colspan="3">□ 正常　　□ 不正常</td><td colspan="5">温度：　　℃；　　湿度：　　%</td></tr>
<tr><td>统计修正因数 C_s</td><td></td><td>安全系数 K</td><td colspan="2"></td><td>几何因数 C_a</td><td colspan="2"></td><td colspan="2">计算公式：</td><td>$R_d = Q_1 \times C_s \times C_a \div K$</td></tr>
<tr><td colspan="2">检测结束试件状态描述</td><td colspan="3">设计风荷载值（kPa）</td><td colspan="3">试件破坏前一级的试验风荷载值 Q_1（kPa）</td><td colspan="3">系统抗风压值 R_d（kPa）</td></tr>
<tr><td colspan="2"></td><td colspan="3"></td><td colspan="3"></td><td colspan="3"></td></tr>
<tr><td>检测依据</td><td colspan="6">□ JGJ 144-2004　　□ DB33/T 1054-2008　　□ JG 149-2003</td><td colspan="2">检测过程是否出现异常情况</td><td colspan="2">□ 是　　□ 否</td></tr>
<tr><td>备注</td><td colspan="10"></td></tr>
</table>

校核：　　　　　　　　检测：

外墙外保温系统抗冲击性能及吸水量检测原始记录 表 8.1-12

第 1 页 共 1 页 NO：

样品编号			样品状态		
系统名称					
试验温度（℃）			试验湿度（%）		
设备编号	设备名称		检测前后设备情况		
	□ 天平		□ 正常 □ 不正常		
	□ 外墙外保温抗冲击性能试验装置		□ 正常 □ 不正常		
检测日期			制作日期		
检测项目	检测结果				
□ 抗冲击性 □ 抗冲击性强度	□ 普通型（单网） □ 加强型（双网） □ T 形 □ 其他	□ 冲击试验用钢球质量（535g） □ 冲击试验用钢球质量（500g）		□ 冲击试验用钢球质量（1045g） □ 冲击试验用钢球质量（1000g）	
		□ 下落高度（0.57m） □ 下落高度（0.61m）		□ 下落高度（0.98m） □ 下落高度（1.02m）	
		冲击破坏点（个）		冲击破坏点（个）	
	试件 1				
	试件 2				
□ 吸水量	浸水时间	试件浸水 h			
	实测数据	1	2	3	平均吸水量（g/m^2）
	试样初始质量 m_0（g）				
	试样吸水后的质量 m（g）				
	试件长度（mm）				
	长度平均值（mm）				
	试件宽度（mm）				
	宽度平均值（mm）				
	试样面积（mm^2）				
	试样吸水量（g/m^2）				
检测依据	□ JGJ 144-2004 □ JGJ 253-2011 □ DB33/T 1054-2008 □ JG/T 158-2013 □ JG149-2003				
检测过程是否出现异常情况		□ 是 □ 否			
备注					

校核： 检测：

饰面砖粘结强度检测原始记录 表 8.1-13

第 1 页 共 1 页 NO：

<table>
<tr><td>委托单位</td><td colspan="2"></td><td>委托单编号</td><td colspan="2"></td></tr>
<tr><td>工程名称</td><td colspan="2"></td><td>检测地点</td><td colspan="2"></td></tr>
<tr><td>施工单位</td><td colspan="2"></td><td>制作日期</td><td colspan="2"></td></tr>
<tr><td>胶粘剂</td><td colspan="2"></td><td>检测日期</td><td colspan="2"></td></tr>
<tr><td>设备编号</td><td colspan="2">设备名称</td><td colspan="3">检测前后设备情况</td></tr>
<tr><td></td><td colspan="2"></td><td colspan="3">□ 正常 □ 不正常</td></tr>
<tr><td colspan="6">检测情况（是否复检： □ 否 □ 是）</td></tr>
<tr><td>试验号</td><td>检测部位</td><td>断面边长（mm）</td><td>粘结力（N）</td><td colspan="2">破坏状态</td></tr>
<tr><td rowspan="3"></td><td></td><td></td><td></td><td colspan="2"></td></tr>
<tr><td></td><td></td><td></td><td colspan="2"></td></tr>
<tr><td></td><td></td><td></td><td colspan="2"></td></tr>
<tr><td rowspan="3"></td><td></td><td></td><td></td><td colspan="2"></td></tr>
<tr><td></td><td></td><td></td><td colspan="2"></td></tr>
<tr><td></td><td></td><td></td><td colspan="2"></td></tr>
<tr><td>见证单位</td><td></td><td>见证员
及见证号</td><td></td><td colspan="2"></td></tr>
<tr><td>检测依据</td><td colspan="5">JGJ 110-2008</td></tr>
<tr><td colspan="3">检测过程是否出现异常情况</td><td colspan="3">□ 是 □ 否</td></tr>
<tr><td>备注</td><td colspan="5"></td></tr>
</table>

校核： 检测：

外墙外保温系统现场拉伸粘结强度检测原始记录

表 8.1-14

第 1 页　共 1 页

NO：

<table>
<tr><td>委托单位</td><td colspan="3"></td><td colspan="2">委托单编号</td><td colspan="2"></td></tr>
<tr><td>工程名称</td><td colspan="3"></td><td colspan="2">检测地点</td><td colspan="2"></td></tr>
<tr><td>施工单位</td><td colspan="3"></td><td colspan="2">施工日期</td><td colspan="2"></td></tr>
<tr><td>检测环境</td><td colspan="3"></td><td colspan="2">检测日期</td><td colspan="2"></td></tr>
<tr><td>设备编号</td><td colspan="3">设备名称</td><td colspan="4">检测前后设备情况</td></tr>
<tr><td></td><td colspan="3">便携式拉拔仪</td><td colspan="4">□ 正常　　□ 不正常</td></tr>
<tr><td colspan="8">该系统保温材料种类：</td></tr>
<tr><td>试验号</td><td>检测部位</td><td>试件尺寸（mm）</td><td>试样面积（mm²）</td><td>破坏荷载（kN）</td><td>粘结强度（MPa）</td><td>平均粘结强度（MPa）</td><td>破坏部位</td></tr>
<tr><td rowspan="5"></td><td></td><td></td><td></td><td></td><td></td><td rowspan="5"></td><td></td></tr>
<tr><td></td><td></td><td></td><td></td><td></td><td></td></tr>
<tr><td></td><td></td><td></td><td></td><td></td><td></td></tr>
<tr><td></td><td></td><td></td><td></td><td></td><td></td></tr>
<tr><td></td><td></td><td></td><td></td><td></td><td></td></tr>
<tr><td rowspan="5"></td><td></td><td></td><td></td><td></td><td></td><td rowspan="5"></td><td></td></tr>
<tr><td></td><td></td><td></td><td></td><td></td><td></td></tr>
<tr><td></td><td></td><td></td><td></td><td></td><td></td></tr>
<tr><td></td><td></td><td></td><td></td><td></td><td></td></tr>
<tr><td></td><td></td><td></td><td></td><td></td><td></td></tr>
<tr><td>见证单位</td><td colspan="3"></td><td>见证员
及见证号</td><td colspan="3"></td></tr>
<tr><td>检测依据</td><td colspan="3">JGJ 144-2004</td><td>是否复检</td><td colspan="3">□ 是　　□ 否</td></tr>
<tr><td colspan="4">检测过程是否出现异常情况</td><td colspan="4">□ 是　　□ 否</td></tr>
<tr><td>备注</td><td colspan="7"></td></tr>
</table>

校核：　　　　　　　　检测：

塑料锚栓检测原始记录 **表 8.1-15**

第 1 页　共 1 页　　　　　　　　　　　　　　　　NO：

<table>
<tr><td>委托单位</td><td colspan="3"></td><td colspan="2">委托单编号</td><td colspan="2"></td></tr>
<tr><td>工程名称</td><td colspan="3"></td><td colspan="2">混凝土设计强度等级</td><td colspan="2"></td></tr>
<tr><td>检测环境</td><td colspan="3"></td><td colspan="2">有效锚固深度</td><td colspan="2"></td></tr>
<tr><td>检测日期</td><td colspan="3"></td><td colspan="2">塑料圆盘直径</td><td colspan="2"></td></tr>
<tr><td>设备编号</td><td colspan="2">设备名称</td><td colspan="5">检测前后设备情况</td></tr>
<tr><td></td><td colspan="2">便捷式拉拔仪 BLY-10</td><td colspan="5">☐ 正常　　☐ 不正常</td></tr>
<tr><td>试验号</td><td>结构部位</td><td>试件号</td><td>破坏荷载（kN）</td><td>荷载平均值 $F_{平均}$（kN）</td><td>变异系数 v</td><td>承载力标准值 F（kN）</td><td>破坏形态</td></tr>
<tr><td rowspan="10"></td><td></td><td>1</td><td></td><td rowspan="10"></td><td rowspan="5"></td><td rowspan="10"></td><td></td></tr>
<tr><td></td><td>2</td><td></td><td></td></tr>
<tr><td></td><td>3</td><td></td><td></td></tr>
<tr><td></td><td>4</td><td></td><td></td></tr>
<tr><td></td><td>5</td><td></td><td></td></tr>
<tr><td></td><td>6</td><td></td><td>系数 k</td><td></td></tr>
<tr><td></td><td>7</td><td></td><td rowspan="4"></td><td></td></tr>
<tr><td></td><td>8</td><td></td><td></td></tr>
<tr><td></td><td>9</td><td></td><td></td></tr>
<tr><td></td><td>10</td><td></td><td></td></tr>
<tr><td>计算公式</td><td colspan="7">$F = F_{平均} \times (1 - k \times v)$</td></tr>
<tr><td>检测依据</td><td colspan="7">☐ JG 149-2003　　☐ DB33/T 1054-2008　　☐ JGJ 253-2011</td></tr>
<tr><td colspan="2">检测过程是否出现异常情况</td><td colspan="6">☐ 是　　☐ 否</td></tr>
<tr><td colspan="2">监理单位</td><td colspan="6"></td></tr>
<tr><td colspan="2">见证员</td><td colspan="3"></td><td>见证号</td><td colspan="2"></td></tr>
<tr><td>备注</td><td colspan="7"></td></tr>
</table>

校核：　　　　　　　　　　　　检测：

第1页　共1页

外墙节能构造钻芯检测原始记录

表 8.1-16

NO：

<table>
<tr><td>委托单位</td><td colspan="2"></td><td colspan="2">委托单编号</td><td colspan="4"></td><td colspan="2">检测日期</td><td colspan="2"></td></tr>
<tr><td>工程名称</td><td colspan="2"></td><td colspan="2">施工日期</td><td colspan="4"></td><td colspan="2">检测环境</td><td colspan="2"></td></tr>
<tr><td>施工单位</td><td colspan="2"></td><td colspan="2">是否复检</td><td colspan="4">□ 是　　□ 否</td><td colspan="2">设备编号</td><td>设备名称</td><td>检测前后设备情况</td></tr>
<tr><td colspan="9">该系统设计保温材料：□ 胶粉聚苯颗粒　□ 无机保温砂浆　□</td><td colspan="2"></td><td>手持式钻芯机</td><td>□ 正常　□ 不正常</td></tr>
<tr><td rowspan="2">试验号</td><td rowspan="2">检测部位</td><td rowspan="2">芯样外观</td><td colspan="6">实测保温层厚度（mm）</td><td rowspan="2">设计厚度（mm）</td><td colspan="2">达到设计厚度（%）</td><td rowspan="2">构造做法</td></tr>
<tr><td>1</td><td>2</td><td>3</td><td>4</td><td>厚度</td><td>最小厚度</td><td>最小值</td><td>平均值</td></tr>
<tr><td></td><td></td><td></td><td></td><td></td><td></td><td></td><td></td><td></td><td rowspan="6"></td><td rowspan="6"></td><td rowspan="6"></td><td></td></tr>
<tr><td></td><td></td><td></td><td></td><td></td><td></td><td></td><td></td><td>平均厚度</td><td></td></tr>
<tr><td></td><td></td><td></td><td></td><td></td><td></td><td></td><td></td><td rowspan="4"></td><td></td></tr>
<tr><td></td><td></td><td></td><td></td><td></td><td></td><td></td><td></td><td></td></tr>
<tr><td></td><td></td><td></td><td></td><td></td><td></td><td></td><td></td><td></td></tr>
<tr><td></td><td></td><td></td><td></td><td></td><td></td><td></td><td></td><td></td></tr>
<tr><td>见证单位</td><td colspan="2"></td><td>见证员</td><td colspan="6"></td><td colspan="2">见证号</td><td></td></tr>
<tr><td>检测依据</td><td colspan="2">GB 50411-2007</td><td colspan="7">检测过程是否出现异常情况</td><td colspan="3">□ 是　　□ 否</td></tr>
<tr><td>备注</td><td colspan="12"></td></tr>
</table>

校核：　　　　　　　　检测：

建筑物围护结构现场传热系数检测原始记录

表 8.1-17

　　NO：

委托单位		委托单编号		
工程名称		检测地点		
施工单位		砌筑日期		
检测环境		检测日期		
墙体厚度（mm）		围护结构型号		
样品状态				
设备编号	设备名称	检测前后设备情况		
	无线式墙体传热系数现场检测装置	□ 正常　　□ 不正常		
检　测　内　容				
试验号	检测结构部位	围护结构做法		检测数据
				见第 2 页
见证单位		见证员		
检测依据	GB/T 23483-2009	见证号		
检测过程是否出现异常情况		□ 是　　□ 否		
备注				

校核：　　　　检测：

建筑物围护结构现场传热系数检测原始记录

续表

第 2 页　共 2 页　　　　　　　　　　　　　　　　NO：

通道号	记录时间	箱内温度（℃）	室外温度（℃）	内墙表面温度（℃）	外墙表面温度（℃）	热流密度（W/m^2）

校核：　　　　　　　　　　　　　　检测：

建筑外窗现场气密性检测原始记录 表 8.1-18

 NO：

<table>
<tr><td>试验号</td><td></td><td>样品规格</td><td></td><td colspan="3">检测日期</td><td colspan="4"></td></tr>
<tr><td>样品名称</td><td></td><td>玻璃长（mm）</td><td></td><td colspan="3">玻璃品种</td><td colspan="4"></td></tr>
<tr><td>窗面积（m^2）</td><td></td><td>玻璃宽（mm）</td><td></td><td colspan="3">玻璃厚度（mm）</td><td colspan="4"></td></tr>
<tr><td>开启缝长（m）</td><td></td><td>气压（kPa）</td><td></td><td colspan="3">温度（℃）</td><td colspan="4"></td></tr>
<tr><td>设备编号</td><td colspan="2">设备名称</td><td colspan="8">检测前后设备情况</td></tr>
<tr><td></td><td colspan="2">门窗现场检测仪</td><td colspan="8">☐ 正常 ☐ 不正常</td></tr>
<tr><td rowspan="2">样品序号</td><td colspan="2" rowspan="2">检测部位</td><td rowspan="2">空气流量</td><td colspan="4">正压</td><td colspan="3">负压</td></tr>
<tr><td>100Pa</td><td>150Pa</td><td colspan="2">100Pa</td><td>100Pa</td><td>150Pa</td><td>100Pa</td></tr>
<tr><td rowspan="2">第一樘</td><td colspan="2" rowspan="2"></td><td>总渗透流量</td><td></td><td></td><td colspan="2"></td><td></td><td></td><td></td></tr>
<tr><td>附加渗透流量</td><td></td><td></td><td colspan="2"></td><td></td><td></td><td></td></tr>
<tr><td rowspan="2">第二樘</td><td colspan="2" rowspan="2"></td><td>总渗透流量</td><td></td><td></td><td colspan="2"></td><td></td><td></td><td></td></tr>
<tr><td>附加渗透流量</td><td></td><td></td><td colspan="2"></td><td></td><td></td><td></td></tr>
<tr><td rowspan="2">第三樘</td><td colspan="2" rowspan="2"></td><td>总渗透流量</td><td></td><td></td><td colspan="2"></td><td></td><td></td><td></td></tr>
<tr><td>附加渗透流量</td><td></td><td></td><td colspan="2"></td><td></td><td></td><td></td></tr>
<tr><td rowspan="2">样品序号</td><td colspan="2">正压</td><td colspan="4">负压</td><td colspan="4" rowspan="2">检测门窗示意图</td></tr>
<tr><td>$q_1\ m^3/(m\cdot h)$</td><td>$q_2\ m^3/(m^2\cdot h)$</td><td>$-q_1\ m^3/(m\cdot h)$</td><td colspan="3">$-q_2\ m^3/(m^2\cdot h)$</td></tr>
<tr><td>第一樘</td><td rowspan="4"></td><td rowspan="4"></td><td rowspan="4"></td><td colspan="3" rowspan="4"></td><td colspan="4" rowspan="5"></td></tr>
<tr><td>第二樘</td></tr>
<tr><td>第三樘</td></tr>
<tr><td>平均值</td></tr>
<tr><td>分别定级</td><td colspan="6"></td></tr>
<tr><td>检测依据</td><td colspan="10">JG/T 211-2007</td></tr>
<tr><td colspan="3">检测过程是否出现异常情况</td><td colspan="8">☐ 是 ☐ 否</td></tr>
<tr><td>备注</td><td colspan="10"></td></tr>
</table>

校核： 检测：

耐碱网布（玻纤网）检测原始记录

表 8.1-19

第1页　共1页　　　　　　　　　　　　　　　　　　NO：

<table>
<tr><td colspan="2">样品编号</td><td colspan="6"></td><td colspan="2">有效长度（mm）</td><td colspan="4"></td></tr>
<tr><td colspan="2">样品名称</td><td colspan="6">□ 耐碱网布　　□ 玻纤网</td><td colspan="2">样品状态</td><td colspan="4"></td></tr>
<tr><td colspan="2">试验温度（℃）</td><td colspan="6"></td><td colspan="2">试验湿度（%）</td><td colspan="4"></td></tr>
<tr><td colspan="2">检测日期</td><td colspan="6"></td><td colspan="2">产品等级</td><td colspan="4"></td></tr>
<tr><td colspan="2">设备编号</td><td colspan="6">设备名称</td><td colspan="6">检测前后设备情况</td></tr>
<tr><td colspan="2"></td><td colspan="6">□ 电子天平</td><td colspan="6">□ 正常　　□ 不正常</td></tr>
<tr><td colspan="2"></td><td colspan="6">□ 电脑伺服控制拉力试验机</td><td colspan="6">□ 正常　　□ 不正常</td></tr>
<tr><td colspan="2"></td><td colspan="6">□ 鼓风电热恒温干燥箱</td><td colspan="6">□ 正常　　□ 不正常</td></tr>
<tr><td colspan="2">检测项目</td><td colspan="12">检测数据及结果</td></tr>
<tr><td colspan="2" rowspan="3">□（初始拉伸）
断裂强力
（N/50mm）</td><td colspan="6">经向（拉伸速度：mm/min）</td><td colspan="6">纬向（拉伸速度：mm/min）</td></tr>
<tr><td>1</td><td>2</td><td>3</td><td>4</td><td>5</td><td>平均值</td><td>1</td><td>2</td><td>3</td><td>4</td><td>5</td><td>平均值</td></tr>
<tr><td></td><td></td><td></td><td></td><td></td><td></td><td></td><td></td><td></td><td></td><td></td><td></td></tr>
<tr><td rowspan="2">□ 断裂伸长率</td><td>断裂伸长值（mm）</td><td></td><td></td><td></td><td></td><td></td><td></td><td></td><td></td><td></td><td></td><td></td><td></td></tr>
<tr><td>断裂伸长率平均值（%）</td><td colspan="6"></td><td colspan="6"></td></tr>
<tr><td colspan="2" rowspan="4">□ 耐碱（拉伸）
断裂强力
（N/50mm）</td><td colspan="3">浸泡溶液</td><td colspan="3"></td><td colspan="3">浸泡时间</td><td colspan="3"></td></tr>
<tr><td colspan="6">经向（拉伸速度：　　mm/min）</td><td colspan="6">纬向（拉伸速度：　　mm/min）</td></tr>
<tr><td>1</td><td>2</td><td>3</td><td>4</td><td>5</td><td>平均值</td><td>1</td><td>2</td><td>3</td><td>4</td><td>5</td><td>平均值</td></tr>
<tr><td></td><td></td><td></td><td></td><td></td><td></td><td></td><td></td><td></td><td></td><td></td><td></td></tr>
<tr><td colspan="2">□ 耐碱断裂强力保留率（%）</td><td></td><td></td><td></td><td></td><td></td><td></td><td></td><td></td><td></td><td></td><td></td><td></td></tr>
<tr><td colspan="2" rowspan="3">□ 单位面积质量</td><td colspan="2"></td><td colspan="2">1</td><td colspan="2">2</td><td colspan="2">3</td><td colspan="2">4</td><td>5</td><td rowspan="2">单位面积质量平均值（g/m²）</td></tr>
<tr><td colspan="2">试样质量（g）</td><td colspan="2"></td><td colspan="2"></td><td colspan="2"></td><td colspan="2"></td><td></td></tr>
<tr><td colspan="2">试样面积（cm²）</td><td colspan="9"></td><td></td></tr>
<tr><td colspan="2">检测依据</td><td colspan="12">□ JG 149-2003　□ DB33/T 1054-2008　□ JGJ 144-2004　□ JGJ 253-2011</td></tr>
<tr><td colspan="7">检测过程是否出现异常情况</td><td colspan="7">□ 是　　□ 否</td></tr>
<tr><td colspan="2">备注</td><td colspan="12"></td></tr>
</table>

校核：　　　　　　　　　　　　检测：

耐碱玻纤网检测原始记录　　表 8.1-20

第1页　共1页　　NO：

<table>
<tr><td>样品编号</td><td colspan="6"></td><td colspan="3">有效长度（mm）</td><td colspan="4"></td></tr>
<tr><td>样品名称</td><td colspan="6"></td><td colspan="3">样品状态</td><td colspan="4"></td></tr>
<tr><td>试验温度（℃）</td><td colspan="6"></td><td colspan="3">试验湿度（%）</td><td colspan="4"></td></tr>
<tr><td>检测日期</td><td colspan="6"></td><td colspan="3">产品等级</td><td colspan="4"></td></tr>
<tr><td>设备编号</td><td colspan="6">设备名称</td><td colspan="7">检测前后设备情况</td></tr>
<tr><td></td><td colspan="6">□ 天平</td><td colspan="4">□ 正常</td><td colspan="3">□ 不正常</td></tr>
<tr><td></td><td colspan="6">□ 电脑伺服控制拉力试验机</td><td colspan="4">□ 正常</td><td colspan="3">□ 不正常</td></tr>
<tr><td></td><td colspan="6">□ 鼓风电热恒温干燥箱</td><td colspan="4">□ 正常</td><td colspan="3">□ 不正常</td></tr>
<tr><td>检测项目</td><td colspan="13">检测数据及结果</td></tr>
<tr><td rowspan="3">□ 拉伸断裂强力
（N/50mm）</td><td colspan="6">经向（拉伸速度：　mm/min）</td><td colspan="7">纬向（拉伸速度：　mm/min）</td></tr>
<tr><td>1</td><td>2</td><td>3</td><td>4</td><td>5</td><td>平均值</td><td>1</td><td>2</td><td>3</td><td>4</td><td>5</td><td colspan="2">平均值</td></tr>
<tr><td></td><td></td><td></td><td></td><td></td><td></td><td></td><td></td><td></td><td></td><td></td><td colspan="2"></td></tr>
<tr><td rowspan="2">□ 断裂伸长率</td><td>断裂伸长值（mm）</td><td></td><td></td><td></td><td></td><td></td><td></td><td></td><td></td><td></td><td></td><td></td><td></td></tr>
<tr><td>断裂伸长率平均值（%）</td><td colspan="6"></td><td colspan="6"></td></tr>
<tr><td rowspan="4">□ 耐碱断裂强力
（N/50mm）</td><td colspan="3">浸泡溶液</td><td colspan="3"></td><td colspan="3">浸泡时间</td><td colspan="4"></td></tr>
<tr><td colspan="6">经向（拉伸速度：　mm/min）</td><td colspan="7">纬向（拉伸速度：　mm/min）</td></tr>
<tr><td>1</td><td>2</td><td>3</td><td>4</td><td>5</td><td>平均值</td><td>1</td><td>2</td><td>3</td><td>4</td><td>5</td><td colspan="2">平均值</td></tr>
<tr><td></td><td></td><td></td><td></td><td></td><td></td><td></td><td></td><td></td><td></td><td></td><td colspan="2"></td></tr>
<tr><td>□ 耐碱断裂强力保留率（%）</td><td></td><td></td><td></td><td></td><td></td><td></td><td></td><td></td><td></td><td></td><td></td><td colspan="2"></td></tr>
<tr><td rowspan="3">□ 单位面积质量</td><td></td><td>1</td><td>2</td><td>3</td><td>4</td><td>5</td><td colspan="7">单位面积质量平均值（g/m²）</td></tr>
<tr><td>试样质量（g）</td><td></td><td></td><td></td><td></td><td></td><td colspan="7" rowspan="2"></td></tr>
<tr><td>试样面积（cm²）</td><td colspan="5"></td></tr>
<tr><td>检测依据</td><td colspan="13">JG/T 158-2013</td></tr>
<tr><td colspan="7">检测过程是否出现异常情况</td><td colspan="4">□ 是</td><td colspan="3">□ 否</td></tr>
<tr><td>备注</td><td colspan="13"></td></tr>
</table>

校核：　　　　检测：

胶粘剂检测原始记录

表 8.1-21

第1页　共1页　　　　　　　　　　　　　　　　NO：

样品编号					制作日期				
样品状态					配比情况				
环境温度（℃）					环境湿度（%）				
设备编号		设备名称			检测前后设备情况				
		便携式拉拔仪			□ 正常　□ 不正常				
检测日期	养护条件	检测项目		检测数据					
		原强度	破坏荷载（N）						
			试件面积（mm^2）						
			强度（MPa）						
			强度平均值（MPa）						
			破坏界面						
		耐水	破坏荷载（N）						
			试件面积（mm^2）						
			强度（MPa）						
			强度平均值（MPa）						
			破坏界面						
检测依据		□ JG 149-2003　□ JC/T 992-2006							
检测过程是否出现异常情况					□ 是　□ 否				
备注									

校核：　　　　　　　　　　　　检测：

8.2 检测报告表格

1. 保温砂浆检测报告，见表8.2-1。
2. 界面砂浆检测报告，见表8.2-2。
3. 抗裂砂浆检测报告，见表8.2-3。
4. 胶粉聚苯颗粒浆料检测报告，见表8.2-4。
5. 绝热用模塑聚苯乙烯泡沫塑料检测报告，见表8.2-5。
6. 绝热用挤塑聚苯乙烯泡沫塑料检测报告，见表8.2-6。
7. 泡沫玻璃检测报告，见表8.2-7。
8. 岩棉板检测报告，见表8.2-8。
9. 建筑玻璃可见光透射比与遮蔽系数检测报告，见表8.2-9。
10. 中空玻璃露点检测报告，见表8.2-10。
11. 建筑门窗保温性能检测报告，见表8.2-11。
12. 外墙外保温系统抗风荷载性能检测报告，见表8.2-12。
13. 外墙外保温系统抗冲击性能及吸水量检测报告，见表8.2-13。
14. 饰面砖粘结强度检测报告，见表8.2-14。
15. 外墙外保温系统现场拉伸粘结强度检测报告，见表8.2-15。
16. 塑料锚栓检测报告，见表8.2-16。
17. 外墙节能构造钻芯检测报告，见表8.2-17。
18. 建筑物围护结构现场传热系数检测报告，见表8.2-18。
19. 建筑外窗现场气密性检测报告，见表8.2-19。
20. 耐碱网布检测报告，见表8.2-20。
21. 玻纤网检测报告，见表8.2-21。
22. 耐碱玻纤网检测报告，见表8.2-22。
23. 胶粘剂检测报告，见表8.2-23。

保温砂浆检测报告 表8.2-1

工程名称：

No：

委托单位： 检测性质： 接样日期：

施工单位： 合同编号： 检测日期：

见证单位： 见 证 人： 见证证号：

产品名称及型号		样品编号		
生产厂家		养护条件		
工程部位		批号及生产日期		
序号	检测项目	标准要求	实测结果	单项结论
1	导热系数［W/（m·K)］ （平均温度25℃）			
2	抗压强度（MPa）			
3	干密度（kg/m^3）			
检测依据				
判定标准				
检测结果				
声明	（1）报告及复印件无检测单位盖章无效、涂改无效。 （2）报告无检测、审核、批准人签名无效。 （3）对检测报告若有异议，应及时向本单位提出。 （4）本检测结果仅对所检样品有效			
说明	（1）检测环境： （2）样品状态： （3）异常情况： （4）设备编号： （5）客户委托单编号			
备注				

批准： 审核： 检测： 签发日期：

检测单位地址： 电话： 邮政编码： 检测单位盖章：

界面砂浆检测报告 表8.2-2

工程名称: No:

委托单位: 检测性质: 接样日期:

施工单位: 合同编号: 检测日期:

见证单位: 见 证 人: 见证证号:

生产厂家			样品编号	
界面砂浆类型			生产日期及批号	
工程部位			配合比	
检测项目		标准要求	实测结果	单项结论
拉伸粘结强度（与水泥砂浆）（MPa）	标准状态			
	浸水处理			
检测依据	《胶粉聚苯颗粒外墙外保温系统材料》JG/T 158-2013			
判定标准	《胶粉聚苯颗粒外墙外保温系统材料》JG/T 158-2013			
检测结果				
声明	（1）报告及复印件无检测单位盖章无效、涂改无效。 （2）报告无检测、审核、批准人签名无效。 （3）对检测报告若有异议，应及时向本单位提出。 （4）本检测结果仅对所检样品有效			
说明	（1）检测环境: （2）样品状态: （3）异常情况: （4）设备编号: （5）客户委托单编号			
备注				

批准: 审核: 检测: 签发日期:

检测单位地址: 电话: 邮政编码: 检测单位盖章:

抗裂砂浆检测报告

表 8.2-3

工程名称：

No：

委托单位：　　检测性质：　　接样日期：

施工单位：　　合同编号：　　检测日期：

见证单位：　　见 证 人：　　见证证号：

<table>
<tr><td colspan="2">生产厂家</td><td colspan="2"></td><td>样品编号</td><td colspan="2"></td></tr>
<tr><td colspan="2">生产日期及批号</td><td colspan="2"></td><td>配合比</td><td colspan="2"></td></tr>
<tr><td colspan="2">工程部位</td><td colspan="5"></td></tr>
<tr><td>序号</td><td colspan="2">检测项目</td><td colspan="2">标准要求</td><td>实测结果</td><td>单项结论</td></tr>
<tr><td>1</td><td rowspan="2">拉伸粘结强度（与水泥砂浆）（MPa）</td><td>标准状态（养护 28d）</td><td colspan="2"></td><td colspan="2"></td></tr>
<tr><td>2</td><td>浸水处理（养护 28d，浸水 7d，干燥 7d）</td><td colspan="2"></td><td colspan="2"></td></tr>
<tr><td colspan="2">检测依据</td><td colspan="5">《胶粉聚苯颗粒外墙外保温系统材料》JG/T 158-2013</td></tr>
<tr><td colspan="2">判定标准</td><td colspan="5">《胶粉聚苯颗粒外墙外保温系统材料》JG/T 158-2013</td></tr>
<tr><td colspan="2">检测结果</td><td colspan="5"></td></tr>
<tr><td colspan="2">声明</td><td colspan="5">（1）报告及复印件无检测单位盖章无效、涂改无效。
（2）报告无检测、审核、批准人签名无效。
（3）对检测报告若有异议，应及时向本单位提出。
（4）本检测结果仅对所检样品有效</td></tr>
<tr><td colspan="2">说明</td><td colspan="5">（1）检测环境：
（2）样品状态：
（3）异常情况：
（4）设备编号：
（5）客户委托单编号</td></tr>
<tr><td colspan="2">备注</td><td colspan="5"></td></tr>
</table>

批准：　　审核：　　检测：　　签发日期：

检测单位地址：　　电话：　　邮政编码：　　检测单位盖章：

胶粉聚苯颗粒浆料检测报告 **表 8.2-4**

工程名称： No：

委托单位： 检测性质： 接样日期：

施工单位： 合同编号： 检测日期：

见证单位： 见 证 人： 见证证号：

<table>
<tr><td colspan="2">样品编号</td><td colspan="2"></td><td>结构部位</td><td></td></tr>
<tr><td colspan="2">生产厂家</td><td colspan="2"></td><td>生产日期及批号</td><td></td></tr>
<tr><td colspan="2">配合比</td><td colspan="2"></td><td>养护条件</td><td></td></tr>
<tr><td>序号</td><td>检测项目</td><td>标准要求</td><td colspan="2">实测结果</td><td>单项结论</td></tr>
<tr><td>1</td><td>导热系数［W/（m·K）］</td><td></td><td colspan="2"></td><td></td></tr>
<tr><td>2</td><td>干表观密度（kg/m^3）</td><td></td><td colspan="2"></td><td></td></tr>
<tr><td>3</td><td>抗压强度（MPa）</td><td></td><td colspan="2"></td><td></td></tr>
<tr><td>4</td><td>线性收缩率（%）</td><td></td><td colspan="2"></td><td></td></tr>
<tr><td colspan="2">检测依据</td><td colspan="4">《胶粉聚苯颗粒外墙外保温系统材料》JG/T 158-2013</td></tr>
<tr><td colspan="2">判定标准</td><td colspan="4">《胶粉聚苯颗粒外墙外保温系统材料》JG/T 158-2013</td></tr>
<tr><td colspan="2">检测结果</td><td colspan="4"></td></tr>
<tr><td colspan="2">声明</td><td colspan="4">（1）报告及复印件无检测单位盖章无效、涂改无效。
（2）报告无检测、审核、批准人签名无效。
（3）对检测报告若有异议，应及时向本单位提出。
（4）本检测结果仅对所检样品有效</td></tr>
<tr><td colspan="2">说明</td><td colspan="4">（1）检测环境：
（2）样品状态：
（3）异常情况：
（4）设备编号：
（5）客户委托单编号</td></tr>
<tr><td colspan="2">备注</td><td colspan="4"></td></tr>
</table>

批准： 审核： 检测： 签发日期：

检测单位地址： 电话： 邮政编码： 检测单位盖章：

绝热用模塑聚苯乙烯泡沫塑料检测报告

表 8.2-5

工程名称：

No：

委托单位：　　　　检测性质：　　　　接样日期：

施工单位：　　　　合同编号：　　　　检测日期：

见证单位：　　　　见 证 人：　　　　见证证号：

样品编号			生产厂家		
型号规格			批号或生产日期		
工程部位					
序号	检测项目	标准要求	实测结果		单项结论
1	导热系数[W/(m·K)]				
2	压缩强度（kPa）				
3	尺寸稳定性（%）		长		
			宽		
			厚		
4	吸水率（%）				
5	表观密度（kg/m^3）				
检测依据	《绝热用模塑聚苯乙烯泡沫塑料》GB/T 10801.1-2002				
判定标准	《绝热用模塑聚苯乙烯泡沫塑料》GB/T 10801.1-2002				
检测结果					
声明	（1）报告及复印件无检测单位盖章无效、涂改无效。 （2）报告无检测、审核、批准人签名无效。 （3）对检测报告若有异议，应及时向本单位提出。 （4）本检测结果仅对所检样品有效				
说明	（1）检测环境： （2）样品状态： （3）异常情况： （4）设备编号： （5）客户委托单编号				
备注					

批准：　　　　审核：　　　　检测：　　　　签发日期：

检测单位地址：　　　　电话：　　　　邮政编码：　　　　检测单位盖章：

绝热用挤塑聚苯乙烯泡沫塑料检测报告

表 8.2-6

工程名称： No：

委托单位： 检测性质： 接样日期：

施工单位： 合同编号： 检测日期：

见证单位： 见 证 人： 见证证号：

样品编号			生产厂家		
型号规格			批号或生产日期		
工程部位					
序号	检测项目	标准要求	实测结果		单项结论
1	导热系数［W/（m·K)］				
2	压缩强度（kPa）				
3	尺寸稳定性（%）		长		
			宽		
			厚		
4	吸水率（%）				
检测依据	《绝热用挤塑聚苯乙烯泡沫塑料（XPS）》GB/T 10801.2-2002				
判定标准	《绝热用挤塑聚苯乙烯泡沫塑料（XPS）》GB/T 10801.2-2002				
检测结果					
声明	（1）报告及复印件无检测单位盖章无效、涂改无效。 （2）报告无检测、审核、批准人签名无效。 （3）对检测报告若有异议，应及时向本单位提出。 （4）本检测结果仅对所检样品有效				
说明	（1）检测环境： （2）样品状态： （3）异常情况： （4）设备编号： （5）客户委托单编号				
备注					

批准： 审核： 检测： 签发日期：

检测单位地址： 电话： 邮政编码： 检测单位盖章：

泡沫玻璃检测报告

表 8.2-7

工程名称：

No：

委托单位： 检测性质： 接样日期：

施工单位： 合同编号： 检测日期：

见证单位： 见 证 人： 见证证号：

样品编号		产品品种		
产品规格		产品等级		
产品外形		生产日期及批号		
生产厂家		工程部位		
序号	检测项目	标准要求	实测结果	单项结论
1	体积密度（kg/m^3）			
2	抗压强度（MPa）			
3	导热系数［W/（m·K）］ 平均温度 25℃			
检测依据	《泡沫玻璃绝热制品》JC/T 647-2005			
判定标准	《泡沫玻璃绝热制品》JC/T 647-2005			
检测结果				
声明	（1）报告及复印件无检测单位盖章无效、涂改无效。 （2）报告无检测、审核、批准人签名无效。 （3）对检测报告若有异议，应及时向本单位提出。 （4）本检测结果仅对所检样品有效			
说明	（1）检测环境： （2）样品状态： （3）异常情况： （4）设备编号： （5）客户委托单编号			
备注				

批准： 审核： 检测： 签发日期：

检测单位地址： 电话： 邮政编码： 检测单位盖章：

岩棉板检测报告

表 8.2-8

工程名称： No：

委托单位： 检测性质： 接样日期：

施工单位： 合同编号： 检测日期：

见证单位： 见 证 人： 见证证号：

样品编号			规格型号	
生产厂家			出厂日期及批号	
工程部位			标称密度（kg/m^3）	
序号	检测项目	标准要求	实测结果	单项结论
1	导热系数［W/（m·K）］ 平均温度 70℃			
2	密度允许偏差（%）			
检测依据	《绝热用岩棉、矿渣棉及其制品》GB/T 11835-2007			
判定标准	《绝热用岩棉、矿渣棉及其制品》GB/T 11835-2007			
检测结果				
声明	（1）报告及复印件无检测单位盖章无效、涂改无效。 （2）报告无检测、审核、批准人签名无效。 （3）对检测报告若有异议，应及时向本单位提出。 （4）本检测结果仅对所检样品有效			
说明	（1）检测环境： （2）样品状态： （3）异常情况： （4）设备编号： （5）客户委托单编号			
备注				

批准： 审核： 检测： 签发日期：

检测单位地址： 电话： 邮政编码： 检测单位盖章：

建筑玻璃可见光透射比与遮蔽系数检测报告

表 8.2-9

工程名称：

No：

委托单位：　　　　检测性质：　　　　接样日期：

施工单位：　　　　合同编号：　　　　检测日期：

见证单位：　　　　见 证 人：　　　　见证证号：

样品名称			样品编号	
生产厂家			生产日期及批号	
玻璃层数			第一层玻璃种类	
第1、2层玻璃距离（mm）			第二层玻璃种类	
第2、3层玻璃距离（mm）			第三层玻璃种类	
序号	检测项目	设计要求	实测结果	单项结论
1	可见光透射比			
2	遮蔽系数			
检测依据	《建筑玻璃可见光透射比、太阳光直接透射比、太阳能总透射比、紫外线透射比及有关窗玻璃参数的测定》GB/T 2680-94			
检测结果				
声明	（1）报告及复印件无检测单位盖章无效、涂改无效。 （2）报告无检测、审核、批准人签名无效。 （3）对检测报告若有异议，应及时向本单位提出。 （4）本检测结果仅对所检样品有效			
说明	（1）检测环境： （2）样品状态： （3）异常情况： （4）设备编号： （5）客户委托单编号			
备注				

批准：　　　　审核：　　　　检测：　　　　签发日期：

检测单位地址：　　　　电话：　　　　邮政编码：　　　　检测单位盖章：

中空玻璃露点检测报告　　表8.2-10

工程名称：　　No：

委托单位：　　检测性质：　　接样日期：

施工单位：　　合同编号：　　检测日期：

见证单位：　　见 证 人：　　见证证号：

样品名称			样品编号	
生产厂家			样品数量	
玻璃品种			生产日期及批号	
原片玻璃厚度（mm）			间隔层厚度（mm）	
序号	检测项目	标准要求	实测结果	单项结论
1	露点试验	＜－40℃无结露或结霜		
检测依据	《中空玻璃》GB/T 11944-2012			
判定标准	《中空玻璃》GB/T 11944-2012			
检测结果				
声明	（1）报告及复印件无检测单位盖章无效、涂改无效。 （2）报告无检测、审核、批准人签名无效。 （3）对检测报告若有异议，应及时向本单位提出。 （4）本检测结果仅对所检样品有效			
说明	（1）检测环境： （2）样品状态： （3）异常情况： （4）设备编号： （5）客户委托单编号			
备注				

批准：　　审核：　　检测：　　签发日期：

检测单位地址：　　电话：　　邮政编码：　　检测单位盖章：

建筑门窗保温性能检测报告 表8.2-11

工程名称： No：

委托单位： 检测性质： 接样日期：

施工单位： 合同编号： 检测日期：

见证单位： 见 证 人： 见证证号：

<table>
<tr><td>样品编号</td><td colspan="3"></td><td colspan="2">结构部位</td><td colspan="2"></td></tr>
<tr><td>生产厂家</td><td colspan="3"></td><td colspan="2">试件名称</td><td colspan="2"></td></tr>
<tr><td>样品数量</td><td colspan="3"></td><td colspan="2">试件规格</td><td colspan="2"></td></tr>
<tr><td>玻璃品种</td><td colspan="3"></td><td colspan="2">框扇密封材料</td><td colspan="2"></td></tr>
<tr><td>玻璃厚度（mm）</td><td colspan="3"></td><td colspan="2">玻璃密封材料</td><td colspan="2"></td></tr>
<tr><td>间隔层厚度（mm）</td><td colspan="3"></td><td colspan="2">面积（m^2）</td><td colspan="2"></td></tr>
<tr><td>热室气温（℃）</td><td colspan="2"></td><td>冷室气温（℃）</td><td colspan="2"></td><td>热室空气
相对湿度（%）</td><td></td></tr>
<tr><td>序号</td><td>检测项目</td><td>所属分级指标值</td><td>传热系数设计值</td><td>实测结果</td><td colspan="2">所属分级</td><td>判定</td></tr>
<tr><td>1</td><td>传热系数
[W/（m·K）]</td><td></td><td></td><td></td><td colspan="2"></td><td></td></tr>
<tr><td>检测依据</td><td colspan="7">《建筑外门窗保温性能分级及检测方法》GB/T 8484-2008</td></tr>
<tr><td>判定标准</td><td colspan="7">《建筑外门窗保温性能分级及检测方法》GB/T 8484-2008</td></tr>
<tr><td>声明</td><td colspan="7">（1）报告及复印件无检测单位盖章无效、涂改无效。
（2）报告无检测、审核、批准人签名无效。
（3）对检测报告若有异议，应及时向本单位提出。
（4）本检测结果仅对所检样品有效</td></tr>
<tr><td>说明</td><td colspan="7">（1）检测环境：
（2）样品状态：
（3）异常情况：
（4）设备编号：
（5）客户委托单编号</td></tr>
<tr><td>备注</td><td colspan="7"></td></tr>
</table>

批准： 审核： 检测： 签发日期：

检测单位地址： 电话： 邮政编码： 检测单位盖章：

外墙外保温系统抗风荷载性能检测报告 表 8.2-12

工程名称： No：

委托单位： 检测性质： 接样日期：

施工单位： 合同编号： 检测日期：

见证单位： 见 证 人： 见证证号：

试验号			产品名称		
生产单位					
系统构造					
序号	检测项目	标准要求	制作日期	实测结果	单项结论
1	抗风压值（kPa）	≥风荷载设计值			
检测依据	《外墙外保温工程技术规程》JGJ 144-2004				
判定标准	《外墙外保温工程技术规程》JGJ 144-2004				
检测结果					
声明	（1）报告及复印件无检测单位盖章无效、涂改无效。 （2）报告无检测、审核、批准人签名无效。 （3）对检测报告若有异议，应及时向本单位提出。 （4）本检测结果仅对所检样品有效				
说明	（1）检测环境： （2）样品状态： （3）异常情况： （4）设备编号： （5）客户委托单编号				
备注					

批准： 审核： 检测： 签发日期：

检测单位地址： 电话： 邮政编码： 检测单位盖章：

外墙外保温系统抗冲击性能及吸水量检测报告 表 8.2-13

工程名称： No：

委托单位： 检测性质： 接样日期：

施工单位： 合同编号： 检测日期：

见证单位： 见 证 人： 见证证号：

<table>
<tr><td>试验号</td><td colspan="3"></td><td>产品名称</td><td colspan="2"></td></tr>
<tr><td>产品等级</td><td colspan="3">普通型</td><td>生产单位</td><td colspan="2"></td></tr>
<tr><td>序号</td><td>检测项目</td><td colspan="2">标准要求</td><td>制作日期</td><td>实测结果</td><td>单项结论</td></tr>
<tr><td>1</td><td>吸水量（g/m^2）</td><td colspan="2">≤1000</td><td></td><td></td><td></td></tr>
<tr><td>2</td><td>抗冲击性能</td><td>无宽度大于
0.10mm 的裂纹</td><td>3J 级</td><td></td><td></td><td></td></tr>
<tr><td>检测依据</td><td colspan="6">《无机轻集料砂浆保温系统技术规程》JGJ 253-2011</td></tr>
<tr><td>判定标准</td><td colspan="6">《无机轻集料砂浆保温系统技术规程》JGJ 253-2011</td></tr>
<tr><td>检测结果</td><td colspan="6"></td></tr>
<tr><td>声明</td><td colspan="6">（1）报告及复印件无检测单位盖章无效、涂改无效。
（2）报告无检测、审核、批准人签名无效。
（3）对检测报告若有异议，应及时向本单位提出。
（4）本检测结果仅对所检样品有效</td></tr>
<tr><td>说明</td><td colspan="6">（1）检测环境：
（2）样品状态：
（3）异常情况：
（4）设备编号：
（5）客户委托单编号</td></tr>
<tr><td>备注</td><td colspan="6"></td></tr>
</table>

批准： 审核： 检测： 签发日期：

检测单位地址： 电话： 邮政编码： 检测单位盖章：

表 8.2-14

饰面砖粘结强度检测报告

工程名称：　　No：

委托单位：　　检测性质：　　接样日期：

施工单位：　　合同编号：　　检测日期：

见证单位：　　见 证 人：　　见证证号：

<table>
<tr><td rowspan="2">组号</td><td rowspan="2">试验号</td><td rowspan="2">工程部位</td><td rowspan="2">制作日期</td><td rowspan="2">龄期（d）</td><td rowspan="2">标准要求</td><td colspan="2">试样规格</td><td rowspan="2">受拉面积（mm^2）</td><td rowspan="2">粘结力（kN）</td><td rowspan="2">粘结强度（MPa）</td><td rowspan="2">平均粘结强度（MPa）</td><td rowspan="2">破坏状态</td><td rowspan="2">单项判定</td></tr>
<tr><td>长（mm）</td><td>宽（mm）</td></tr>
<tr><td rowspan="3">1</td><td rowspan="3"></td><td rowspan="3"></td><td rowspan="3"></td><td rowspan="3"></td><td rowspan="3">每组试样平均粘结强度不应小于 0.4MPa，每组可有一个试样的粘结强度小于 0.4MPa，但不应小于 0.3MPa</td><td></td><td></td><td></td><td></td><td></td><td rowspan="3"></td><td></td><td rowspan="3"></td></tr>
<tr><td></td><td></td><td></td><td></td><td></td><td></td></tr>
<tr><td></td><td></td><td></td><td></td><td></td><td></td></tr>
<tr><td colspan="2">检测依据</td><td colspan="4">《建筑工程饰面砖粘结强度检验标准》JGJ 110-2008</td><td colspan="2">检测地点</td><td colspan="6"></td></tr>
<tr><td colspan="2">判定标准</td><td colspan="4">《建筑工程饰面砖粘结强度检验标准》JGJ 110-2008</td><td colspan="2">检测结果</td><td colspan="6"></td></tr>
<tr><td colspan="2">声　明</td><td colspan="4">（1）报告及复印件无检测单位盖章无效、涂改无效。
（2）报告无检测、审核、批准人签名无效。
（3）对检测报告若有异议，应及时向本单位提出</td><td colspan="2">说　明</td><td colspan="6">（1）检测环境：
（2）样品状态：
（3）异常情况：
（4）设备编号：
（5）客户委托单编号</td></tr>
<tr><td colspan="2">备注</td><td colspan="12"></td></tr>
</table>

批准：　　审核：　　检测：　　签发日期：

检测单位地址：　　电话：　　邮政编码：　　检测单位盖章：

表 8.2-15

外墙外保温系统现场拉伸粘结强度检测报告

工程名称：

委托单位：　　检测性质：　　No：

施工单位：　　合同编号：　　接样日期：

见证单位：　　见 证 人：　　检测日期：

见证证号：

试验号	保温材料种类	工程部位	制作日期	标准要求（MPa）	试样尺寸		试样面积（mm^2）	破坏荷载（kN）	粘结强度（MPa）	破坏部位	平均粘结强度（MPa）	单项判定
					长（mm）	宽（mm）						
检测依据	《外墙外保温工程技术规程》JGJ 144-2004						检测地点					
判定标准	《外墙外保温工程技术规程》JGJ 144-2004						检测结果					
声　明	（1）报告及复印件无检测单位盖章无效、涂改无效。 （2）报告无检测、审核、批准人签名无效。 （3）对检测报告若有异议，应及时向本单位提出。 （4）本检测结果仅对所检样品有效						说　明	（1）检测环境： （2）样品状态： （3）异常情况： （4）设备编号： （5）客户委托单编号				
备注												

批准：　　审核：　　检测：　　签发日期：

检测单位地址：　　电话：　　邮政编码：　　检测单位盖章：

表 8.2-16

塑料锚栓检测报告

工程名称：　　　　　　　　　　　　　　　　　　No：

委托单位：　　　　　　检测性质：　　　　　　接样日期：

施工单位：　　　　　　合同编号：　　　　　　检测日期：

见证单位：　　　　　　见 证 人：　　　　　　见证证号：

试验号	工程部位	混凝土设计强度等级	生产厂家	塑料圆盘直径（mm）	抗拉承载力标准值（kN）	破坏荷载（kN）	破坏状态	实测抗拉承载力标准值（kN）	判定结果
检测依据	《无机轻集料保温砂浆及系统技术规程》DB33/T 1054-2008		检测结果						
判定标准	《无机轻集料保温砂浆及系统技术规程》DB33/T 1054-2008		说明	（1）检测环境： （2）样品状态： （3）异常情况： （4）设备编号： （5）客户委托单编号					
声明	（1）报告及复印件无检测单位盖章无效、涂改无效。 （2）报告无检测、审核、批准人签名无效。 （3）对检测报告若有异议，应及时向本单位提出。 （4）本检测结果仅对所检样品有效								
备注									

批准：　　　　　　审核：　　　　　　检测：　　　　　　签发日期：

检测单位地址：　　　　　　电话：　　　　　　邮政编码：　　　　　　检测单位盖章：

表 8.2-17

外墙节能构造钻芯检测报告

工程名称：　　　　　　　　　　　　　　　　　　No：
委托单位：　　　　　　检测性质：　　　　　　接样日期：
施工单位：　　　　　　合同编号：　　　　　　检测日期：
见证单位：　　　　　　见 证 人：　　　　　　见证证号：

<table>
<tr><td>试验号</td><td>保温材料种类</td><td>工程部位</td><td>施工日期</td><td>龄期（d）</td><td>设计厚度（mm）</td><td>规范要求</td><td>实测厚度（mm）</td><td>实测厚度平均值（mm）</td><td>实测厚度最小值（mm）</td><td>判定</td></tr>
<tr><td rowspan="3"></td><td rowspan="3"></td><td></td><td rowspan="3"></td><td rowspan="3"></td><td rowspan="3"></td><td rowspan="3">实测芯样厚度的平均值达到设计厚度的95%及以上且最小值不低于设计厚度的90%</td><td></td><td rowspan="3"></td><td rowspan="3"></td><td rowspan="3"></td></tr>
<tr><td></td><td></td></tr>
<tr><td></td><td></td></tr>
<tr><td rowspan="3">外围结构分层做法</td><td>芯样 1</td><td colspan="3"></td><td>检测依据</td><td colspan="5">《建筑节能工程施工质量验收规范》GB 50411-2007</td></tr>
<tr><td>芯样 2</td><td colspan="3"></td><td>判定标准</td><td colspan="5">《建筑节能工程施工质量验收规范》GB 50411-2007</td></tr>
<tr><td>芯样 3</td><td colspan="3"></td><td>检测结果</td><td colspan="5"></td></tr>
<tr><td>声明</td><td colspan="4">（1）报告及复印件无检测单位盖章无效、涂改无效。
（2）报告无检测、审核、批准人签名无效。
（3）对检测报告若有异议，应及时向本单位提出</td><td>说明</td><td colspan="5">（1）检测环境：
（2）样品状态：
（3）异常情况：
（4）设备编号：
（5）客户委托单编号</td></tr>
<tr><td>检测地点</td><td colspan="4"></td><td>备注</td><td colspan="5"></td></tr>
</table>

批准：　　　　　　审核：　　　　　　检测：　　　　　　签发日期：

检测单位地址：　　　　电话：　　　　邮政编码：　　　　检测单位盖章：

建筑物围护结构现场传热系数检测报告　　表 8.2-18

工程名称：　　No：

委托单位：　　检测性质：　　接样日期：

施工单位：　　合同编号：　　检测日期：

见证单位：　　见 证 人：　　见证证号：

结构部位		试验号	
围护结构做法			
墙体厚度（mm）		砌筑日期	
检测项目	设计要求	实测结果	单项结论
传热系数 [W/（m·K）]			
检测依据	《建筑物围护结构传热系数及采暖供热量检测方法》GB/T 23483-2009		
判定标准	《建筑物围护结构传热系数及采暖供热量检测方法》GB/T 23483-2009		
声明	（1）报告及复印件无检测单位盖章无效、涂改无效。 （2）报告无检测、审核、批准人签名无效。 （3）对检测报告若有异议，应及时向本单位提出		
说　明	（1）检测环境： （2）样品状态： （3）异常情况： （4）设备编号： （5）客户委托单编号		
备注			

批准：　　审核：　　检测：　　签发日期：

检测单位地址：　　电话：　　邮政编码：　　检测单位盖章：

建筑外窗现场气密性能检测报告

表 8.2-19

工程名称：　　　　　　　　　　　　　　　　　　　　No：

委托单位：　　　　　　检测性质：　　　　　　接样日期：

施工单位：　　　　　　合同编号：　　　　　　检测日期：

见证单位：　　　　　　见 证 人：　　　　　　见证证号：

<table>
<tr><td>试件规格</td><td></td><td colspan="2">生产厂家</td><td></td><td>试验号</td><td></td></tr>
<tr><td>产品系列</td><td></td><td colspan="2">玻璃品种</td><td></td><td>试件数量</td><td></td></tr>
<tr><td>玻璃宽（mm）</td><td></td><td colspan="2">玻璃长（mm）</td><td></td><td>玻璃厚度（mm）</td><td></td></tr>
<tr><td>开启缝长（m）</td><td></td><td colspan="2">总面积（m^2）</td><td></td><td>玻璃密封材料</td><td></td></tr>
<tr><td>气温（℃）</td><td></td><td colspan="2">气压（kPa）</td><td></td><td>框扇密封材料</td><td></td></tr>
<tr><td>工程部位</td><td></td><td colspan="3"></td><td colspan="2"></td></tr>
<tr><td>样品名称</td><td></td><td colspan="3">检测设备</td><td colspan="2">门窗现场检测仪</td></tr>
<tr><td>项目名称</td><td>设计要求</td><td colspan="3">检测结果</td><td>定级结果</td><td>判定</td></tr>
<tr><td rowspan="4">气密性性能</td><td rowspan="4">单位缝长 Q_1[m^3/(m·h)]
≤
单位面积 Q_2[m^3/(m^2·h)]
≤</td><td rowspan="2">正
压</td><td colspan="2">缝长［m^3/（m·h）］</td><td rowspan="2">第　　级</td><td rowspan="4"></td></tr>
<tr><td colspan="2">面积［m^3/（m^2·h）］</td></tr>
<tr><td rowspan="2">负
压</td><td colspan="2">缝长［m^3/（m·h）］</td><td rowspan="2">第　　级</td></tr>
<tr><td colspan="2">面积［m^3/（m^2·h）］</td></tr>
<tr><td>检测依据</td><td colspan="6">《建筑外窗气密、水密、抗风压性能现场检测方法》JG/T 211-2007</td></tr>
<tr><td>判定标准</td><td colspan="6">《建筑外窗气密、水密、抗风压性能现场检测方法》JG/T 211-2007</td></tr>
<tr><td>检测结果</td><td colspan="6"></td></tr>
<tr><td>声明</td><td colspan="6">（1）报告及复印件无检测单位盖章无效、涂改无效。
（2）报告无检测、审核、批准人签名无效。
（3）对检测报告若有异议，应及时向本单位提出</td></tr>
<tr><td>说　明</td><td colspan="6">（1）检测环境：
（2）样品状态：
（3）异常情况：
（4）设备编号：
（5）客户委托单编号</td></tr>
<tr><td>备注</td><td colspan="6"></td></tr>
</table>

批准：　　　　　　审核：　　　　　　检测：　　　　　　签发日期：

检测单位地址：　　　　　　电话：　　　　　　邮政编码：　　　　　　检测单位盖章：

耐碱网布检测报告　　表 8.2-20

工程名称：　　No：

委托单位：　　检测性质：　　接样日期：

施工单位：　　合同编号：　　检测日期：

见证单位：　　见 证 人：　　见证证号：

样品编号				结构部位	
生产厂家				生产日期及批号	
产品等级				产品规格	
序号	检测项目		标准要求	实测结果	单项结论
1	拉伸断裂强力（N/50mm）	经向			
		纬向			
2	断裂伸长率（%）	经向			
		纬向			
3	耐碱断裂强力保留率（%）	经向			
		纬向			
4	单位面积质量（g/m^2）				
检测依据	《无机轻集料保温砂浆及系统技术规程》DB33/T 1054-2008				
判定标准	《无机轻集料保温砂浆及系统技术规程》DB33/T 1054-2008				
检测结果					
声明	（1）报告及复印件无检测单位盖章无效、涂改无效。 （2）报告无检测、审核、批准人签名无效。 （3）对检测报告若有异议，应及时向本单位提出。 （4）本检测结果仅对所检样品有效				
说明	（1）检测环境： （2）样品状态： （3）异常情况： （4）设备编号： （5）客户委托单编号				
备注					

批准：　　审核：　　检测：　　签发日期：

检测单位地址：　　电话：　　邮政编码：　　检测单位盖章：

玻纤网检测报告

表 8.2-21

工程名称：　　　　　　　　　　　　　　　　No：

委托单位：　　　　检测性质：　　　　接样日期：

施工单位：　　　　合同编号：　　　　检测日期：

见证单位：　　　　见 证 人：　　　　见证证号：

样品编号			结构部位	
生产厂家			生产日期及批号	
产品等级			产品规格	
序号	检测项目		标准要求	实测结果	单项结论
1	耐碱拉伸断裂强力（N/50mm）	经向			
		纬向			
2	耐碱断裂强力保留率（%）	经向			
		纬向			
3	断裂伸长率（%）	经向			
		纬向			
4	单位面积质量（g/m^2）				
检测依据	《无机轻集料砂浆保温系统技术规程》JGJ 253-2011				
判定标准	《无机轻集料砂浆保温系统技术规程》JGJ 253-2011				
检测结果					
声明	（1）报告及复印件无检测单位盖章无效、涂改无效。 （2）报告无检测、审核、批准人签名无效。 （3）对检测报告若有异议，应及时向本单位提出。 （4）本检测结果仅对所检样品有效				
说明	（1）检测环境： （2）样品状态： （3）异常情况： （4）设备编号： （5）客户委托单编号				
备注					

批准：　　　　审核：　　　　检测：　　　　签发日期：

检测单位地址：　　　　电话：　　　　邮政编码：　　　　检测单位盖章：

耐碱玻纤网检测报告

表 8.2-22

工程名称： No：

委托单位： 检测性质： 接样日期：

施工单位： 合同编号： 检测日期：

见证单位： 见 证 人： 见证证号：

样品编号				结构部位	
生产厂家				生产日期及批号	
产品规格				产品等级	
序号	检测项目		标准要求	实测结果	单项结论
1	耐碱断裂强力（N/50mm）	经向			
		纬向			
2	断裂伸长率（%）	经向			
		纬向			
3	耐碱断裂强力保留率（%）	经向			
		纬向			
4	单位面积质量（g/m^2）				
检测依据	《胶粉聚苯颗粒外墙外保温系统材料》JG/T 158-2013				
判定标准	《胶粉聚苯颗粒外墙外保温系统材料》JG/T 158-2013				
检测结果					
声明	（1）报告及复印件无检测单位盖章无效、涂改无效。 （2）报告无检测、审核、批准人签名无效。 （3）对检测报告若有异议，应及时向本单位提出。 （4）本检测结果仅对所检样品有效				
说明	（1）检测环境： （2）样品状态： （3）异常情况： （4）设备编号： （5）客户委托单编号				
备注					

批准： 审核： 检测： 签发日期：

检测单位地址： 电话： 邮政编码： 检测单位盖章：

胶粘剂检测报告

表 8.2-23

工程名称：

No：

委托单位： 检测性质： 接样日期：

施工单位： 合同编号： 检测日期：

见证单位： 见 证 人： 见证证号：

产品名称			样品编号		
生产厂家			工程部位		
产品等级			生产日期及批号		
制作日期			配比情况		
检测项目		标准要求		实测结果	单项结论
拉伸粘结强度（MPa）（与膨胀聚苯板）	原强度	≥0.10 破坏界面在膨胀聚苯板上			
	耐水	≥0.10 破坏界面在膨胀聚苯板上			
检测依据	《膨胀聚苯板薄抹灰外墙外保温系统》JG 149-2003				
判定标准	《膨胀聚苯板薄抹灰外墙外保温系统》JG 149-2003				
检测结果					
声明	（1）报告及复印件无检测单位盖章无效、涂改无效。 （2）报告无检测、审核、批准人签名无效。 （3）对检测报告若有异议，应及时向本单位提出。 （4）本检测结果仅对所检样品有效				
说　明	（1）检测环境： （2）样品状态： （3）异常情况： （4）设备编号： （5）客户委托单编号				
备注					

批准： 审核： 检测： 签发日期：

检测单位地址： 电话： 邮政编码： 检测单位盖章：